Mittheilungen
aus den
Königlichen technischen Versuchsanstalten
zu Berlin.
Herausgegeben im Auftrage der Königlichen Aufsichts-Kommission.

Ergänzungsheft II. **1889.**

Untersuchungen von natürlichen Gesteinen

auf Festigkeit, specifisches Gewicht, Härtegrad, Wasseraufnahme, Cohäsionsbeschaffenheit und Wetterbeständigkeit.

Von

Dr. Böhme

Vorsteher der Königlichen Prüfungs-Station für Baumaterialien.

Mit einer Lichtdrucktafel.

Springer-Verlag Berlin Heidelberg GmbH 1889

ISBN 978-3-662-31792-1   ISBN 978-3-662-32618-3 (eBook)
DOI 10.1007/978-3-662-32618-3

Im Anschlusse an die in Heft 3 Jahrgang 1885 dieser Zeitschrift Seite 124—134 veröffentlichten Resultate der Untersuchungen von natürlichen Gesteinen enthalten die nachstehenden Tabellen die Resultate der Untersuchungen solcher Gesteine aus den Jahren 1884/85—1887/88. — Soweit die Veröffentlichung dieser Resultate unter Angabe der Firma von den Herren Antragstellern gestattet wurde, ist der Name und Ursprung des Gesteines angegeben, wo dies nicht geschah, sind nur die Resultate unter dem Vermerk „Ursprungsangabe nicht gestattet" aufgeführt worden.

Die Eintheilung und Reihenfolge der Gesteine ist im allgemeinen dieselbe geblieben, welche übersichtlich auf Seite 33 Heft 1, 1885 angegeben ist.

In den Tabellen bezeichnen die fett gedruckten Zahlen die Druckfestigkeit in kg pro qcm im Mittel aus je 10 Versuchen, die über, bezw. unter diesen stehenden Zahlen die aus 10 Versuchen ermittelte Maximal- bezw. Minimal-Druckfestigkeit des Gesteines.

Die Probestücke sind stets Würfel von 5 oder 6 cm Seite gewesen, die gedrückte Fläche betrug daher je 25 oder 36 qcm. Auf der beigefügten Tafel sind solche Würfel nebst den aus ihnen hervorgegangenen Pyramidenstumpfen, welche ein Merkmal für gleichmäßige Druckbeanspruchung und Homogenität des Materiales bilden, nebst den Prüfungsresultaten photographisch dargestellt.

Die Versuche auf Druckfestigkeit im ausgefrorenen Zustande wurden mit Würfeln ausgeführt, welche nach 12 stündigem Aufenthalt in Wasser
a) an der Luft,
b) unter Wasser
auf 24 Stunden einer Frostwirkung von — 12 bis — 15° C ausgesetzt waren.

Bei den meisten Gesteinen zeigt sich die Erscheinung, daß die Druckfestigkeit nach der Sättigung der Würfel mit Wasser mehr oder weniger herabsinkt und daß durch den Einfluß des Frostes die Herabminderung der Festigkeit noch größer wird.

Der Einfluß des Frostes kommt weniger zur Geltung, wenn das Gefrieren im Wasser erfolgt, wo die ausdehnende Kraft des gefrierenden Wassers wegen des den Probekörper umgebenden Eises nicht zur vollen Wirkung gelangt.

In einzelnen Fällen, besonders bei Gesteinen mit großer Wasseraufnahme, ist die Abminderung der Festigkeit durch Frost überhaupt geringer als die durch Wasseraufnahme, was daher zu erklären ist, daß die auf Wasseraufnahmebestreben geprüften Probekörper, welche nachher zu den Druckversuchen im wassersatten Zustande benutzt werden, in der That bis zur vollen Sättigung im Wasser verbleiben, während die dem Frost ausgesetzten Würfel vor dem Eintritt des Frostes nur 12 Stunden unter Wasser liegen.

Die Wetterbeständigkeit ist durch 4 Ziffern bezeichnet, von denen 1 durchaus vorhandene, 2 vorhandene, 3 nicht vorhandene, 4 durchaus nicht vorhandene Wetterbeständigkeit bedeutet.

Die Versuche auf Abnutzbarkeit wurden an Würfeln mit 50 qcm Fläche ausgeführt, welche bei 30 kg Belastung 450 Umgänge der Schleifscheibe (unter Anwendung von 20 g Naxos-Schmirgel Nr. 3 auf je 22 Scheibenumgänge) für den Schleifradius von 22 cm erlitten, wobei die Schleifscheibe 22 Umgänge pro Minute machte.

Die in den Tabellen vorkommenden Abweichungen in der Ausführlichkeit der Prüfungen erklären sich aus der Verschiedenheit der Anträge, die größtentheils durch die Art des Verbrauchszweckes der einzelnen Steingattungen, oder auch durch besondere Wünsche des Antragstellers entstanden.

Von Seiten der Prüfungs-Station wird dahin gestrebt, die Prüfungen so einheitlich als möglich zu gestalten, damit der Vergleich der einzelnen Steingattungen unter einander leicht und vollkommen gezogen werden kann.

1.	2.	3.	4.	5.	6.	7.	8.
Lfd. Nr.	Name und Ursprung des Steines	Farbe	Seitenlänge des Würfels	Druckfestigkeit			
				luft-trocken	wässer-satt	nach der Beanspruchung durch Frost (bei −12° C bis −15° C)	
						an der Luft	unter Wasser
			cm	Kilogramm pro Quadratcentimeter			

I. Versteinerungs
A. Massige unge
1.

1	Granit vom Fuße des Schneeberges im Staatswalde bei Weißenstadt am Fichtelgebirge. Erhardt Ackermann.	weiß-grau	6	1550 1451 1864	1581 1508 1349	—	—
2	Granit vom Fuße des Schneeberges in der Flurmarkung Kornbach im bayr. Fichtelgebirge. Erhardt Ackermann.	blau	6	1798 1621 1585	1705 1572 1457	—	—
3	Granit aus der Flurmarkung Cölln a. d. Elbe. Erhardt Ackermann.	roth	6	1788 1679 1585	1674 1547 1395	—	—
4	Granit aus dem W. Werner'schen Steinbruche Wilhelmsberg am Drammensfjord in der Nähe von Drammen in Norwegen. Pr.-Lieut. im Kgl. Niederländ. Ingenieur-Corps J. B. Stuten in Helder.	—	6	1395 1249 1182	1287 1208 1085	—	—
5	Granit aus den Brüchen in Häslich bei Bischheim i. S.*) C. Sparmann & Co. in Demitz gehörig.	—	6	1287 1234 1163	1302 1227 1168	1209 1166 1116	1240 1212 1178
6	Granit aus dem Steinbruche bei Selb in Bayern. Maurermeister W. Wölfel zu Selb.	—	6	2139 1950 1814	2098 1827 1705	—	—
7	Granit der C. H. L. Kärger'schen Verwaltung der städtischen Steinbrüche zu Strehlen. Völker & Nicolaier.	grau und schwarz gesprenk.	6	2046 1950 1845	—	—	—
8	Granit ohne Ursprungsangabe. Empf.: Maurer- und Zimmermeister R. Krone in Berlin.	grau und schwarz durchsch.	6	1659 1488 1209	—	—	—
9	Granit angeblich aus dem Gräfl. Bruche zu Steinkirche. Graf Pückler'sche Verwaltung der Tarchwitzer Basalt- und Steinkircher Granitbrüche in Steinkirche.	grau	7,1	1448 1355 1281	—	—	—
10	Rameringer (bayrischer) Granit von der Firma P. Wimmel & Co. in Berlin. Reg.-Nr. II. 7. Stadt-Bauinspection des Magistrats in Berlin.	blau-grau	6	2279 2117 1907	2248 2087 1829	2217 2068 1969	2189 1950 1829

*) Zugfestigkeit ausgefroren an der Luft: 68 kg pro qcm. Biegungsfestigkeit l = 20 cm; W = 36
Querschnitt = 5 qcm unter Wasser: 69 „ „ „

9.	10.	11.	12.	13.	14.	15.	16.	17.	18.	19.
		Härte-	Wasseraufnahme in		Abnutzung					
eigenes Gewicht	specifisches Gewicht	grad nach Mohs	12 Stunden	125 Stunden (satt)	Versuch I		Versuch II		Cohäsions-Beschaffenheit	Wetterbeständigkeit
			pCt.	pCt.	g	ccm	g	ccm		

lose Felsarten.

schichtete Gesteine.

Granite.

0,575	2,604	8	0,38	0,54	—	—	—	—	Gefüge grobkörnig, sehr gleichförmig und sehr dicht, durchzogen von vielen Quarzpartikeln und einzelnen eingesprengten Glimmertheilchen.	1
0,581	2,769	8	0,52	0,55	—	—	—	—	Gefüge ziemlich feinkörnig, sehr gleichförmig und sehr dicht, durchzogen von vielen kleinen Quarzpartikelchen und vielen eingesprengten Glimmertheilchen.	1
0,578	2,577	7—8	0,53	0,58	—	—	—	—	Gefüge sehr grobkörnig, gleichförmig und sehr dicht, durchzogen von größeren Quarzpartikeln und vielen Glimmertheilchen.	1
0,588	2,709	7—8	0,7	0,9	—	—	—	—	Gefüge sehr gleichförmig, grobkörnig, krystallinisch, scharf und dicht mit einzelnen eingesprengten Glimmerpartikeln.	1
0,595	2,828	7—8	0,34	0,50	—	—	—	—	Gefüge sehr gleichförmig, dicht und scharfkörnig-krystallinisches Gemenge aus Feldspath, Quarz und Glimmer.	1
0,606	2,680	8	0,56	0,56	—	—	—	—	Gefüge sehr gleichförmig, dicht und feinkörnig mit vielen eingesprengten kleinen Feldspath- und Glimmerpartikelchen.	1
0,598	3,024	7	—	—	15,8	5,063	15,8	5,225		
0,573	—	8—9	—	—	—	—	—	—		
0,909	2,561	—	—	—	84,8	13,6	40,4	15,8		
0,596	2,701	8	0,51	0,60	7,9 6,9 6,9 6,8 28,0	10,4	8,8 7,4 7,1 6,8 29,6	11,0	Gefüge schuppig, fein und dicht, in blau-grauer, weiß-melirter Färbung mit vielen eingesprengten kleinen Quarzkrystallen und Glimmerpünktchen.	1

Lufttrocken 262 kg pro qcm.
ausgefroren an der Luft: 210 kg pro qcm.
unter Wasser: 226 „ „

Druckelasticitätsmodul = 4491
Pfeiler 10.10.60 cm.

1.	2.	3.	4.	5.	6.	7.	8.
				\multicolumn{4}{c}{Druckfestigkeit}			
Lfd. Nr.	Name und Ursprung des Steines	Farbe	Seitenlänge des Würfels	lufttrocken	wassersatt	\multicolumn{2}{c}{nach der Beanspruchung durch Frost (bei −12° C bis −15° C}
						an der Luft	unter Wasser
			cm	\multicolumn{4}{c}{Kilogramm pro Quadratcentimeter}			
11	Granit aus dem B. E. Mollen'schen Steinbruche Wallbobalens Stenhuggerie bei Lysekiel in Schweden. Reg.-Baumeister L. Kühn in Berlin.	braunroth	5	2275 2007 1717	2119 1931 1806	2007 1882 1717	2052 1918 1762
12	Schwedischer Granit Reg.-Nr. V. (aus den Brüchen bei Halmstadt in Schweden).	dunkelbraunroth	5	2208 2018 1851	2141 1938 1806	2052 1904 1717	2074 1994 1851
13	Granit vom Fundorte Weiden bei Nabburg in Bayern. Reg.-Nr. VI. (VII).	graumelirt	5	2007 1835 1673	1829 1724 1650	1896 1815 1695	1806 1726 1606
14	Granit vom Fundorte Schurbach in Bayern. Reg.-Nr. VIII.	graumelirt	5	2096 1909 1695	1918 1793 1739	1695 1619 1539	1762 1659 1561
15	Granit aus Niclasdorf bei Strehlen den Granitwerken E. Kulmiz in Oberstreit bei Striegau in Schlesien gehörig.	weißgrau	6	2248 2070 1907	2170 1985 1829	2046 1965 1860	1953 1872 1783
16	Schlesischer Granit Strehlen. Reg.-Nr. XVII.	hellgrau	5	2408 2228 2096	2252 2084 1873	2119 1958 1762	2029 1882 1784
17	Böhmischer Granit (dunkel gefärbt) aus Cercan bei Beneschau. Reg.-Nr. XIXa.	dunkelgrau	5	2433 2329 2141	2319 2136 2007	2141 2061 1962	2208 2078 1918
18	Granit aus den Brüchen bei Neuhaus (Passau) in Bayern. Reg.-Nr. I.	dunkelgrau	5	2163 1962 1762	2141 1878 1695	1918 1797 1673	1985 1820 1606
19	Granit aus den Brüchen bei Lindenstein im Odenwald. Reg.-Nr. III.	bräunlich grau	5	2364 2195 1962	2364 2167 2018	2252 2128 1918	2319 2154 2029
20	Granit aus den Brüchen von Cercan in Böhmen. Reg.-Nr. XIXb.	grau	5	2364 2153 1962	2163 1943 1829	2029 1896 1784	1962 1853 1762

Empf.: 7. Stadt-Bauinspektion des Magistrats in Berlin. (for rows 13, 14)

Empf.: 7. Stadt-Bauinspektion des Magistrats in Berlin. (for rows 18, 19)

9.	10.	11.	12.	13.	14.	15.	16.	17.	18.	19.
			Wasseraufnahme in		Abnutzung					
eigenes Gewicht	specifisches Gewicht	Härtegrad nach Mohs	12 Stunden	125 Stunden (satt)	Versuch I		Versuch II		Cohäsions-Beschaffenheit	Wetterbeständigkeit
			pCt.	pCt.	g	ccm	g	ccm		
0,315	2,600	8	0,31	0,41	5,7 5,8 5,2 4,9 21,1	8,1	6,0 5,3 5,2 5,0 21,5	8,3	Gefüge durchaus gleichförmig, scharf, von mittlerem Korn.	1
0,326	2,591	8	0,31	0,58	5,0 4,6 4,7 4,2 18,5	7,1	4,9 4,8 4,5 4,5 18,7	7,2	Gefüge durchaus gleichförmig, scharf, von mittlerem Korn.	1
0,325	2,574	8	0,61	0,64	5,0 5,0 4,5 4,9 19,4	7,5	4,8 4,6 4,5 4,4 17,8	6,9	Gefüge gleichförmig grobkörnig, scharf krystallinisch mit graumelirter Färbung.	1
0,321	2,551	8	0,63	0,88	11,5 9,5 9,9 9,6 40,5	15,9	8,1 8,0 7,6 7,8 31,5	12,3	Gefüge gleichförmig grobkörnig, scharf krystallinisch in graumelirter Färbung, durchzogen von vielen kleinen Glimmerpünktchen.	1
0,574	2,612	7—8	0,46	0,55	5,4 5,1 4,7 4,6 19,8	7,6	5,1 4,6 4,4 4,7 18,8	7,2	Gefüge ziemlich grobkörnig, scharf krystallinisch in hellgrauer Färbung.	1
0,322	2,621	8	0,31	0,67	7,0 7,4 7,6 6,9 28,9	11,0	8,5 7,5 7,2 6,9 30,1	11,5	Gefüge ziemlich feinkörnig, sehr dicht in hellgrauer Färbung.	1
0,336	2,625	8	0,30	0,48	6,8 6,7 6,4 6,3 26,2	10,0	6,8 6,3 6,4 6,1 25,6	9,8	Gefüge feinkörnig, sehr dicht in dunkelgrauer Färbung.	1
0,329	2,622	8	0,42	0,54	6,1 5,8 4,6 5,4 21,9	8,4	5,6 6,0 5,1 5,5 22,2	8,5	Gefüge gleichförmig grobkörnig, scharf krystallinisch.	1
0,320	2,579	8	0,31	0,60	5,0 4,8 5,4 4,6 19,8	7,7	5,5 4,8 5,0 4,4 19,7	7,6	Gefüge gleichförmig, ziemlich feinkörnig und dicht in bräunlichgrauer Farbe.	1
0,337	2,608	8	0,27	0,45	5,6 4,7 5,6 4,9 20,8	8,0	5,7 5,7 5,1 5,0 21,5	8,2	Gefüge sehr gleichförmig grobkörnig, krystallinisch in grauer Färbung.	1

1.	2.	3.	4.	5.	6.	7.	8.
				\multicolumn{4}{c}{Druckfestigkeit}			
Lfd. Nr.	Name und Ursprung des Steines	Farbe	Seitenlänge des Würfels	lufttrocken	wassersatt	nach der Beanspruchung durch Frost (bei −12° C bis −15° C)	
						an der Luft	unter Wasser
			cm	\multicolumn{4}{c}{Kilogramm pro Quadratcentimeter}			
21	Granit aus den Brüchen bei Wahnitz (Sachsen). Reg.-Nr. XX. Empf.: 7. Stadt-Bauinspektion des Magistrats in Berlin.	braunroth	5	2029 1766 1583	1739 1681 1606	1739 1646 1561	1829 1686 1583
22	Granit aus dem Steinbruche Kalthaus I der Granitwerke von C. Kulmiz in Oberstreit bei Striegau in Schlesien.	weißgrau	6	2224 2176 2124	2224 2130 2062	2209 2130 2031	2224 2142 2062
23	Granit aus den Brüchen bei Carlskrona in Schweden. (Reg.-Nr. XV b) Empf.: 7. Stadt-Bauinspektion des Magistrats in Berlin.	grau	5	2141 2014 1918	2029 1864 1739	2096 1953 1806	2007 1815 1673
24	Granit aus dem Bruche am Streitberge bei Oberstreit von C. Kulmiz in Oberstreit bei Striegau in Schlesien.	gelblichweiß	6	1938 1755 1504	1798 1603 1426	1752 1584 1338	1752 1528 1380
25	Granit aus einem Bruche bei Suhl in Thüringen. Reg.-Nr. IV.	röthlichbraun	5	2185 1888 1650	2141 1818 1695	1851 1699 1516	1851 1739 1606
26	Granit aus Carlskrona in Schweden. Reg.-Nr. XV a.	röthlichbraun	5	2386 2221 1940	2252 2018 1806	2252 2101 1940	2185 2001 1685
27	Granit aus Strehlen in Schlesien. Reg.-Nr. XVIII a.	graumelirt	5	1985 1888 1695	1940 1728 1583	1918 1704 1583	1940 1723 1606
28	Granit aus Kalthaus in Schlesien. Reg.-Nr. XVIII b.	weißgrau	5	2141 1849 1673	2074 1798 1583	1918 1726 1606	1918 1788 1695
29	Granit. Ursprungsangabe nicht gestattet.	—	5	1816 1234 1137	1383 1253 1104	—	—
30	Desgl.	—	5	1617 1494 1383	1438 1390 1349	—	—

(Bracket for rows 25–28: Empf.: 7. Stadtbauinspektion des Magistrats in Berlin.)

Untersuchungen von Gesteinen.

9.	10.	11.	12.	13.	14.	15.	16.	17.	18.	19.
eigenes Gewicht	specifisches Gewicht	Härtegrad nach Mohs	Wasseraufnahme in		Abnutzung				Cohäsions-Beschaffenheit	Wetterbeständigkeit
			12 Stunden	125 Stunden (satt)	Versuch I		Versuch II			
			pCt.	pCt.	g	ccm	g	ccm		
0,317	2,576	8	0,32	0,61	5,3 / 5,1 / 4,9 / 4,5 / 19,8	7,7	5,8 / 5,1 / 4,9 / 4,9 / 20,7	8,0	Gefüge ziemlich grobkörnig, gleichförmig, scharf krystallinisch in braunrother Färbung, durchzogen von einzelnen kleinen Schwefelkieskrystallen.	1
0,580	2,610	7—8	0,34	0,52	4,9 / 3,8 / 4,1 / 4,1 / 16,9	6,5	4,9 / 4,2 / 3,8 / 4,0 / 16,9	6,5	Gefüge sehr gleichförmig, ziemlich grobkörnig aber dicht in weißgrauer Farbe.	1
0,309	2,640	8	0,29	0,48	4,2 / 5,0 / 4,3 / 4,5 / 18,0	6,8	5,1 / 4,8 / 4,8 / 4,6 / 19,3	7,3	Gefüge gleichförmig dicht, ziemlich grobkörnig, scharf krystallinisch in braun und grau melirter Färbung.	1
0,581	2,563	7—8	0,36	0,53	4,6 / 4,1 / 4,3 / 4,2 / 17,2	6,7	4,4 / 4,0 / 4,3 / 4,2 / 16,9	6,6	Gefüge gleichförmig dicht, scharf krystallinisch in gelblich weißer Farbe mit schwarzen Punkten.	1
0,307	2,549	7—8	0,59	0,83	7,6 / 6,6 / 7,0 / 6,1 / 27,3	10,7	6,3 / 6,7 / 6,4 / 5,9 / 25,3	9,9	Gefüge gleichförmig, ziemlich feinkörnig dicht und scharf in röthlich brauner Farbe.	1
0,315	2,536	8	0,54	0,74	3,7 / 3,8 / 3,8 / 3,4 / 14,7	5,8	3,8 / 3,8 / 3,8 / 3,9 / 15,3	6,0	Gefüge gleichförmig, ziemlich grobkörnig aber dicht und scharf krystallinisch in röthlich brauner Farbe.	1
0,318	2,585	7—8	0,56	0,75	6,7 / 6,4 / 6,3 / 6,4 / 25,8	10,0	6,6 / 6,1 / 7,0 / 6,6 / 26,3	10,2	Gefüge gleichförmig, ziemlich feinkörnig dicht und scharf krystallinisch in grau melirter Farbe.	1
0,318	2,598	7—8	0,67	0,89	6,4 / 7,8 / 5,4 / 6,4 / 25,5	9,8	6,7 / 6,5 / 5,8 / 5,7 / 24,7	9,5	Gefüge sehr gleichförmig, ziemlich grobkörnig aber dicht in weiß grauer Farbe.	1
0,323	2,564	7—8	0,31	0,31	4,1 / 4,0 / 3,8 / 4,1 / 16,0	6,2	—	—	—	1
0,311	2,586	7—8	0,32	0,48	5,0 / 5,2 / 4,8 / 5,1 / 20,1	7,8	—	—	—	1—2

Unterſuchungen von Geſteinen.

1.	2.	3.	4.	5.	6.	7.	8.
				Druckfeſtigkeit			
Lfd. Nr.	Name und Urſprung des Steines	Farbe	Seitenlänge des Würfels	lufttrocken	waſſerſatt	nach der Beanſpruchung durch Froſt (bei −12° C bis −15° C)	
						an der Luft	unter Waſſer
			cm	Kilogramm pro Quadratcentimeter			
31	Granit. Urſprungsangabe nicht geſtattet.	—	5	1293 1286 1271	1227 1171 1104	—	—
32	Granit aus den Brüchen bei St. Florian Station Allerding bei Schärding der Herren Em. Tichy & Söhne. K. K. Hoflieferanten in Wien.	dunkelgrau	5	1829 1687 1539	1785 1568 1405	1650 1499 1360	1561 1454 1360
33	Desgl. aus den Brüchen zu Hamberg bei Grammerſtetten nächſt Ottensheim a. d. Donau derſelben Beſitzer.	dunkelgrau	5	1182 1103 970	1182 1045 959	1049 950 847	1160 1024 925
34	Desgl. aus den Brüchen in Thal bei Mauthauſen a. d. Donau derſelben Beſitzer.	grau- und weißgelb	5	1588 1481 1338	1561 1436 1338	1427 1322 1193	1461 1371 1293
35	Desgl. aus dem Bruche Buchleithen bei Aicha a. d. W. der Herren Carl Tichy & J. N. Eberl in Wieſing bei Aicha a. d. W. bei Vilshofen (Bayern).	dunkelgrau melirt	5	1561 1463 1360	1483 1407 1338	1488 1403 1316	1488 1358 1271
36	Desgl. aus dem Bruche Rennholbing bei Aicha a. d. W. derſelben Beſitzer.	dunkelgrau	5	2330 2047 1896	2107 1943 1695	2007 1880 1784	1873 1815 1762
37	Desgl. aus dem Bruche Schwartz & Bruns Steinbruck bei Fredrikſtad in Norwegen. Reg.-Baumeiſter Ludwig Kuehn in Berlin.	braun und grau melirt	5	1907 1774 1673	1806 1698 1606	1806 1664 1588	1673 1598 1539
38	Desgl. aus dem auf Sterno bei Carlshamm belegenen Steinbruche des Herrn C. Magnuſſon. Oskar Zucker in Berlin.	graubraun	5	2676 2547 2364	2475 2368 2230	2431 2257 2052	2275 2168 2074
39	Granit von Drammen in Norwegen. Reg.-Nr. XXV.	grau	5	2141 1988 1806	2040 1834 1684	1907 1808 1706	1940 1815 1684
40	Granit aus der Gegend bei Meiſſen. Reg.-Nr. XXVI.	röthlichbraun	5	1684 1588 1427	1661 1495 1394	1572 1470 1306	1450 1406 1349

Empf.: 7. Stadt-Bauinſp. des Magiſtrats zu Berlin. (applies to rows 39 and 40)

Untersuchungen von Gesteinen.

9.	10.	11.	12.	13.	14.	15.	16.	17.	18.	19.
eigenes Gewicht	specifisches Gewicht	Härtegrad nach Mohs	Wasseraufnahme in		Abnutzung				Cohäsions-Beschaffenheit	Wetterbeständigkeit
			12 Stunden	125 Stunden (satt)	Versuch I		Versuch II			
			pCt.	pCt.	g	ccm	g	ccm		
0,306	2,514	7—8	0,22	0,43	6,8 5,8 5,6 5,2 __ 23,4	9,3	—	—	—	1—2
0,328	2,609	7—8	0,64	0,82	5,4 5,4 5,0 5,0 __ 20,8	8,0	5,5 5,4 5,4 4,8 __ 21,1	8,1	Gefüge gleichförmig, ziemlich grobkörnig, scharf krystallinisch in dunkelgrauer Färbung mit vielen eingesprengten Glimmertheilchen.	1
0,335	2,646	7—8	0,3	1,02	4,5 4,8 4,9 4,6 __ 18,8	7,1	3,9 5,1 4,6 4,9 __ 18,5	7,0	Gefüge ziemlich gleichförmig, feinkörnig und scharf krystallinisch in dunkelgrauer Färbung mit vielen eingesprengten Glimmertheilchen.	1
0,321	2,585	7—8	0,63	1,18	5,2 5,0 4,9 4,9 __ 20,0	7,7	4,7 5,2 4,8 5,1 __ 19,8	7,7	Gefüge ungleichförmig, grobkörnig, scharf krystallinisch in grauer und weißgelber Färbung.	1
0,333	2,698	7—8	0,9	1,04	4,4 5,5 4,7 4,9 __ 19,5	7,2	4,8 5,0 4,9 5,2 __ 19,9	7,4	Gefüge gleichförmig dicht, ziemlich grobkörnig, scharf krystallinisch in dunkelgrau melirter Färbung.	1
0,322	2,655	8	0,94	1,18	6,7 6,6 5,5 5,9 __ 24,7	9,3	5,8 5,4 5,1 5,1 __ 20,9	7,9	Gefüge gleichförmig dicht, feinkörnig krystallinisch in dunkelgrauer Farbe mit einzelnen schwarzen Einsprenglingen.	1
0,322	2,531	8	0,64	0,74	6,4 6,9 6,2 6,0 __ 25,5	10,1	4,7 6,2 5,6 5,9 __ 22,4	8,8	Gefüge ziemlich gleichförmig und grobkörnig krystallinisch in braun und grau melirter Färbung mit schwarzen Pünktchen.	1
0,327	2,682	8	0,34	0,46	4,2 4,8 3,8 3,8 __ 16,6	6,2	4,9 3,8 3,9 3,7 __ 16,8	6,1	Gefüge sehr gleichförmig und dicht, ziemlich grobkörnig krystallinisch in graubrauner Farbe.	1
0,342	2,717	8—9	0,39	0,47	4,7 4,6 4,3 4,0 __ 17,6	6,5	4,1 3,7 4,0 3,4 __ 15,2	5,6	Gefüge ziemlich gleichförmig und grobkörnig, dicht, krystallinisch in grauer Farbe.	1
0,331	2,571	8	0,61	0,70	4,4 4,0 4,0 3,9 __ 16,3	6,3	3,7 3,6 3,0 3,7 __ 14,0	5,4	Gefüge gleichförmig grobkörnig, dicht, scharf krystallinisch in röthlichbraun melirter Farbe.	1

Unterfuchungen von Gesteinen.

1.	2.	3.	4.	5.	6.	7.	8.
				\multicolumn{4}{c}{Druckfestigkeit}			
Lfd. Nr.	Name und Ursprung des Steines	Farbe	Seitenlänge des Würfels	lufttrocken	wassersatt	nach der Beanspruchung durch Frost (bei −12° C bis −15° C) an der Luft	unter Wasser
			cm	\multicolumn{4}{c}{Kilogramm pro Quadratcentimeter}			
41	Granit aus Blauberg in Bayern. Reg.-Nr. XXVII.	grauschwarz	5	2007 1862 1695	2007 1789 1695	1806 1718 1650	1851 1784 1739
42	Granit aus der Gegend bei Lysekiel in Schweden. Reg.-Nr. XXVIII.	röthlichbraun	5	2074 1951 1739	2007 1855 1762	1985 1838 1695	2007 1846 1717
43	Granit von Lüptitz in Sachsen. Reg.-Nr. XXIII.	grünlichgrau melirt	5	2921 2576 2185	2698 2564 2408	2609 2471 2230	2676 2489 2319
44	Granit aus dem Fichtelgebirge (Gefrees) Reg.-Nr. XXIV.	bläulichgrau melirt	5	1706 1580 1438	1661 1527 1438	1728 1545 1438	1572 1465 1371
45	Granit aus Carlshamm in Schweden. Reg.-Nr. XXXa.	röthlichbraun melirt	5	2654 2437 2230	2565 2306 2074	2297 2096 1962	2208 2061 1962
46	Desgl. Reg.-Nr. XXXb.	röthlichbraun melirt	5	2721 2505 2342	2431 2308 2141	2185 2074 1940	2509 2277 2130
47	Desgl. Reg.-Nr. XXXc.	röthlichbraun melirt	5	2464 2250 2063	2431 2174 1918	2096 1981 1784	2408 2145 2029
48	Desgl. Reg.-Nr. XXXd.	röthlichbraun melirt	5	2542 2290 2074	2587 2279 2007	2408 2284 2074	2431 2270 2074
49	Granit vom Zwingsberg in Hessen. Reg.-Nr. XXXII.	weißgrau und schwarz melirt	5	1873 1759 1650	1896 1785 1650	1918 1780 1606	1873 1695 1588
50	Granit. Journ.-Nr. 5262—5269.	hellgrau melirt	5	1891 1740 1659 (normal zum Lager) 1550 1471 1849 (in der Spaltrichtung)	1690 1614 1504	1682 1559 1449	1597 1525 1457

Empf.: 7. Stadt-Bauinspection des Magistrats zu Berlin.

9.	10.	11.	12.	13.	14.	15.	16.	17.	18.	19.
eigenes Gewicht	specifisches Gewicht	Härtegrad nach Mohs	Wasseraufnahme in		Abnutzung				Cohäsions-Beschaffenheit	Wetterbeständigkeit
			12 Stunden	125 Stunden (satt)	Versuch I		Versuch II			
			pCt.	pCt.	g	ccm	g	ccm		
0,336	2,783	8	0,29	0,42	6,8 5,9 5,2 5,3 23,2	8,3	4,6 4,4 4,2 4,2 17,4	6,3	Gefüge ziemlich gleichförmig und grobkörnig, dicht krystallinisch in dunkelgrau melirter Farbe.	1
0,332	2,648	8	0,30	0,46	4,8 4,6 4,5 4,9 18,8	7,1	4,9 4,4 4,4 4,2 17,9	6,8	Gefüge gleichförmig, ziemlich grobkörnig, dicht, krystallinisch in röthlich braun melirter Farbe.	1
0,332	2,785	8—9	0,18	0,42	3,5 3,4 3,7 3,8 14,4	5,2	3,8 3,7 3,7 3,6 14,8	5,3	Gefüge sehr dicht, ziemlich grobkörnig, scharf krystallinisch mit scharfkantigem Bruche.	1
0,343	2,658	8	0,30	0,48	8,1 6,6 6,0 6,3 27,0	10,2	8,2 8,0 7,8 7,1 30,6	11,5	Gefüge sehr dicht, ziemlich grobkörnig, scharf krystallinisch und gleichförmig in bläulich graumelirter Färbung.	1
0,332	2,737	8—9	0,27	0,42	3,9 3,5 3,7 3,6 14,7	5,4	4,2 4,5 4,1 4,0 16,8	6,1	Gefüge sehr dicht, ziemlich grobkörnig krystallinisch mit ziemlich scharfkantigem Bruche.	1
0,329	2,703	8—9	0,46	0,70	4,1 4,1 4,2 4,0 16,4	6,1	4,4 4,0 4,5 4,2 17,1	6,3	Gefüge sehr dicht, ziemlich feinkörnig, krystallinisch mit ziemlich scharfkantigem Bruche.	1
0,325	2,711	8—9	0,40	0,61	4,4 4,3 4,2 3,9 16,8	6,2	4,2 4,0 4,1 4,2 16,7	6,2	Gefüge sehr dicht, ziemlich feinkörnig krystallinisch mit ziemlich scharfkantigem Bruche.	1
0,327	2,750	8—9	0,43	0,70	3,8 4,1 3,2 4,0 15,1	5,5	4,1 3,8 4,2 4,0 16,1	5,9	Gefüge sehr dicht, feinkörnig-krystallinisch mit ziemlich scharfkantigem Bruche.	1
0,345	2,687	8	0,32	0,55	5,0 5,1 5,1 4,6 19,8	7,4	5,8 5,1 4,9 4,8 20,6	7,7	Gefüge sehr dicht, grobkörnig krystallinisch und gleichförmig in weißgrau und schwarz melirter Färbung.	1
0,558	2,626	7—8	0,36	0,47	4,5 4,2 4,3 3,8 16,8	6,4	4,3 3,9 4,0 4,0 16,2	6,2	Gefüge gleichförmig dicht, scharf krystallinisch in gelblich weißer Farbe mit schwarzen Punkten.	1

Untersuchungen von Gesteinen.

1.	2.	3.	4.	5.	6.	7.	8.
Lfd. Nr.	Name und Ursprung des Steines	Farbe	Seiten- länge des Würfels	Druckfestigkeit			
				luft- trocken	wasser- satt	nach der Beanspruchung durch Frost (bei −12° C bis −15° C)	
						an der Luft	unter Wasser
			cm	Kilogramm pro Quadratcentimeter			
51	Granit. Journ.-Nr. 5324.	röthlich braun melirt	6	1566 1509 1442	—	—	—
52	Granit aus den Brüchen der Freiherr von Thielmann'schen Granit-, Kalk- und Chamotte-Werke zu Göppersdorf bei Steinkirche, Kreis Strehlen.	grau- schwarz melirt	5	2029 1862 1650	1962 1800 1628	1784 1717 1650	1851 1739 1650
53	Granit aus dem in der Gegend von Strehlen gelegenen Bruche der Herren Steinbruch- besitzer G. E. Wandrey & Sohn in Strehlen i. Schl.	hellgrau	5	1985 1925 1873	—	—	—
54	Granit, Ursprungsangabe nicht gestattet.	grau- schwarz	5	1528 1465 1394	1516 1409 1316	1472 1369 1204	1388 1311 1227
55	Granit aus dem in Albersweiler gelegenen Bruche des Herrn E. Siegel in Albers- weiler (Rheinpfalz).	bräunlich melirt	5	2565 2318 2029	—	—	—
56	Granit aus den Brüchen von Halmstabs Stenhuggeri Aktie Bolag. Halmstadt in Schweden. Antr. Bittorf & Bahll in Hamburg.	braun und grau melirt	5	2319 2016 1851	1974 1840 1728	1778 1721 1689	1907 1802 1629
57	Granit aus dem am Mühlberge bei Striegau gelegenen Bruche des Herrn Maurermeister Paul Bartsch zu Striegau in Schlesien.	grau und schwarz melirt	5	2007 1780 1628	1695 1559 1405	1606 1507 1383	1851 1543 1338
58	Blauberger Granit der Actien-Gesellschaft „Granitwerke Blauberg" zu Blauberg.	—	6	1612 1449 1333	—	—	—
59	Granit, Ursprungsangabe nicht gestattet.	—	5	1427 1119 914	—	—	—
	2. Hornblende-						
60	Syenit aus der Flurmarkung Wölsau am Fichtelgebirge. Erhardt Ackermann in Weißenstadt.	—	6	1705 1545 1302	1788 1561 1395		
61	Diabas aus dem Pfaffenkopf. Kreis- Maurermstr. A. Elsner jr. jetzt Stein- Actien-Gesellschaft „Diabas" Blanken- burg a. H.	grün	5	2812 2567 2336	2834 2560 2230	2701 2521 2342	2768 2540 2275

9.	10.	11.	12.	13.	14.	15.	16.	17.	18.	19.
eigenes Gewicht	specifisches Gewicht	Härtegrad nach Mohs	Wasseraufnahme in		Abnutzung				Cohäsions-Beschaffenheit	Wetterbeständigkeit
			12 Stunden	125 Stunden (satt)	Versuch I		Versuch II			
			pCt.	pCt.	g	ccm	g	ccm		
—	—	—	—	—	—	—	—	—	—	—
0,330	2,617	7—8	0,42	0,58	9,5 9,8 8,2 8,2 35,2	13,5	9,8 9,0 8,0 8,2 35,0	13,4	Gefüge sehr gleichförmig und dicht, ziemlich feinkörnig, schwach krystallinisch in grau melirter Farbe.	1
—	—	—	—	—	—	—	—	—	—	—
0,320	2,767	8—9	0,40	0,58	6,9 6,4 6,1 6,0 25,4	9,2	6,4 6,4 5,8 5,7 24,8	8,8	Gefüge ziemlich grobkörnig, gleichförmig, krystallinisch in grauschwarz melirter Färbung.	1
—	—	—	—	—	—	—	—	—	—	—
0,328	2,670	8—9	0,33	0,51	6,8 5,8 5,6 5,5 23,2	8,7	6,0 5,7 5,2 5,1 22,0	8,2	Gefüge sehr dicht, ziemlich feinkörnig krystallinisch in braun und grau melirter Farbe, durchzogen von dunklen Adern und Schichten.	1
0,309	2,720	8	0,49	0,49	7,5 7,5 7,0 6,8 28,8	10,6	7,6 6,8 6,7 6,5 27,6	10,1	Gefüge ziemlich gleichförmig, dicht und grobkörnig, krystallinisch in grau und schwarz melirter Färbung.	1
0,594	2,608	—	—	—	10,8 9,7 9,2 8,7 38,4	14,7	10,0 8,6 8,0 8,2 34,8	13,3	—	
0,329	2,640	8	—	—	—	—	—	—	—	

gesteine.

0,648	3,059	8	0,31	0,47	—	—	—	—	Gefüge gleichförmig, sehr dicht, nahezu feinkörnig krystallinisch, durchzogen von einzelnen Glimmerpünktchen und Quarzpartikeln.	1
0,401	3,304	8—9	0,5	0,5	16,3	4,93	14,9	4,51	Gefüge sehr gleichförmig, dicht und scharf mit strahligem Anflug.	1

Untersuchungen von Gesteinen.

1.	2.	3.	4.	5.	6.	7.	8.
				\multicolumn{4}{c}{Druckfestigkeit}
Lfd. Nr.	Name und Ursprung des Steines	Farbe	Seiten- länge des Würfels	luft- trocken	wasser- satt	\multicolumn{2}{c}{nach der Beanspruchung durch Frost (bei $-12°$ C bis $-15°$ C)}
						an der Luft	unter Wasser
			cm	\multicolumn{4}{c}{Kilogramm pro Quadratcentimeter}
62	Diabas vom Pfaffenkopf a. Harz. Reg.-Nr. XII.	grün	5	2364 2253 2119	2408 2225 2029	2319 2101 1918	2319 2213 2096
63	Diabas aus den Brüchen bei Kamenz in Sachsen. Reg.-Nr. XVI.	dunkel- grau- grün	5	2500 2299 2029	2455 2209 2007	2252 2182 2052	2342 2174 2029
64	Diabas, Ursprungsangabe nicht gestattet.	—	5	2208 2114 1985	2163 2067 1985	—	—

Empf.: 7. Stadt-Bauinsp. des Magistrats in Berlin

3. Ophi-

65	Grünstein, Ursprungsangabe nicht gestattet.	—	5	2743 2505 2280	2698 2505 2386	—	—
66	Desgl.	—	5	1249 1204 1160	1227 1148 1070	—	—
67	Desgl.	—	5	2007 1848 1739	1940 1821 1717	—	—
68	Desgl.	—	5	2185 2085 1951	1929 1899 1862	—	—
69	Desgl.	—	5	1884 1856 1829	2119 1933 1784	—	—
70	Desgl.	—	5	2040 1958 1806	1962 1936 1907	—	—

9.	10.	11.	12.	13.	14.	15.	16.	17.	18.	19.
eigenes Gewicht	specifisches Gewicht	Härtegrad nach Mohs	Wasseraufnahme in		Abnutzung				Cohäsions-Beschaffenheit	Wetterbeständigkeit
			12 Stunden	125 Stunden (satt)	Versuch I		Versuch II			
			pCt.	pCt.	g	ccm	g	ccm		
0,362	2,867	8—9	0,28	0,39	5,6 6,2 6,2 5,8 23,8	8,3	5,8 5,9 5,8 6,3 23,8	8,3	Gefüge gleichförmig grobkörnig und dicht in grünlicher Färbung.	1
0,363	2,920	8	0,28	0,42	5,5 5,0 5,5 5,8 21,8	7,3	5,4 5,8 5,4 5,6 22,2	7,6	Gefüge scharf krystallinisch, gleichförmig dicht und feinkörnig in dunkel grau-grüner Färbung.	1
0,346	2,860	8—9	0,20	0,29	6,4 6,0 5,1 5,4 22,9	8,0	—	—	—	1

olite.

0,331	2,657	8—9	0,20	0,40	4,3 3,9 4,3 3,8 16,3	6,1	—	—	—	1
0,352	2,802	7	0,28	0,38	9,4 9,6 10,4 9,2 38,6	13,8	—	—	—	1—2
0,314	2,609	7—8	0,32	0,43	7,9 7,1 7,3 6,9 29,2	11,2	—	—	—	1
0,330	2,713	8	0,20	0,30	6,7 7,1 6,9 7,0 27,7	10,2	—	—	—	1—2
0,332	2,736	7—8	0,20	0,30	11,6 11,9 11,3 11,7 46,5	17,0	—	—	—	1
0,350	2,789	8	0,19	0,29	9,6 9,6 10,2 10,1 39,5	14,2	—	—	—	1

18 Untersuchungen von Gesteinen.

1.	2.	3.	4.	5.	6.	7.	8.
				\multicolumn{4}{c|}{Druckfestigkeit}			
Lfd. Nr.	Name und Ursprung des Steines	Farbe	Seitenlänge des Würfels	luft-trocken	wasser-satt	\multicolumn{2}{c	}{nach der Beanspruchung durch Frost (bei −12° C bis −15° C)}
						an der Luft	unter Wasser
			cm	\multicolumn{4}{c	}{Kilogramm pro Quadratcentimeter}
71	Grünstein von Kamenz in Sachsen. Reg.-Nr. XXXI. Empf.: 7. Stadt-Bauinspektion des Magistrats zu Berlin.	schwarz und grün melirt	5	2498 2370 2230	2408 2317 2163	2475 2342 2163	2453 2315 2096

4. Por=

72	Porphyr aus dem Fichtelberger Staatswalde. Erhardt Ackermann in Weißenstadt.	hell-grün	6	2186 1908 1736	2015 1902 1705	—	—
73	Porphyr. Ursprungsangabe nicht gestattet.	röthlich	6	2620 2415 2232	2573 2412 2248	—	—
74	Porphyr (Schwarzwald). Desgl.	schwarz	6	2355 2128 1938	2294 2154 2000	—	—
75	Porphyr aus dem Steinbruche des Herrn Otto Fiedler zu Löbejün. Empf.: Reg.-Baumeister Kuhn in Berlin.	roth	5	2141 2018 1873	2029 1867 1695	1873 1718 1561	2003 1802 1650
76	Porphyr aus den Petersberger Brüchen des Herrn Domänenpächters Wagner auf Petersberg bei Walwitz (Saalkreis).	röthlich braun	5	2453 2246 2052	2564 2230 2029	2342 2181 2052	2586 2241 2074
77	Porphyr vom Fundorte Lüptitz in Sachsen. Reg.-Nr. IX	grau-schwarz	5	2723 2562 2453	2567 2387 2275	2455 2284 2096	2408 2118 1962
78	Porphyr von dem Fundorte Löbejün bei Halle. Reg.-Nr. X.	röthlich	5	2185 1967 1806	2029 1918 1806	2029 1829 1673	1985 1869 1762
79	Porphyr von St. Quenast in Belgien. Reg.-Nr. XIV.	grünlich grau	5	2790 2544 2319	2884 2530 2252	2589 2455 2185	2589 2426 2185

(Empf.: 7. Stadt-Bauinspektion des Magistrats zu Berlin — für Nr. 77, 78, 79)

9.	10.	11.	12.	13.	14.	15.	16.	17.	18.	19.
eigenes Gewicht	specifisches Gewicht	Härtegrad nach Mohs	Wasseraufnahme in		Abnutzung				Cohäsions-Beschaffenheit	Wetterbeständigkeit
			12 Stunden	125 Stunden (satt)	Versuch I		Versuch II			
			pCt.	pCt.	g	ccm	g	ccm		
0,361	3,060	8	0,22	0,44	5,7 5,8 5,4 4,9 21,8	7,1	6,0 5,8 5,8 5,9 23,5	7,7	Gefüge sehr dicht und gleichförmig, feinkörnig, krystallinisch in grünlicher Färbung.	1

phyre.

0,636	2,972	9	0,32	0,47	—	—	—	—	Gefüge sehr gleichförmig dicht und ziemlich feinkörnig mit Oligoklas und Hornblende-Krystallen und vereinzelt eingesprengten Glimmerpünktchen (Diorit Porphyr).	1
0,560	2,828	9	0,36	0,54	—	—	—	—	Gefüge sehr gleichförmig, feinstrahlig und dicht, durchzogen von einzelnen eingesprengten Orthoklas-Krystallen.	1
0,583	2,837	8	0,34	0,36	—	—	—	—	Gefüge sehr gleichförmig fein und krystallinisch, durchzogen von einzelnen eingesprengten kleinen Orthoklaskrystall- und Quarzpartikeln.	1
0,318	2,426	9	1,61	1,90	4,2 4,1 4,0 4,3 16,6	6,8	4,8 4,1 4,5 4,1 17,5	7,2	Gefüge gleichförmig dicht, grobkörnig, durchzogen von vereinzelt eingesprengten krystallinischen Quarzpartikeln.	1
0,316	2,536	9	0,31	0,59	4,1 4,0 3,8 3,9 15,8	6,2	4,8 4,8 3,9 4,2 16,7	6,6	Gefüge gleichförmig dicht, grobkörnig mit vielen krystallinischen Einsprenglingen, welche die dichte Grundmasse nur stellenweise klar erkennen ließen.	1
0,329	2,640	8—9	0,61	0,67	4,3 4,1 4,2 3,8 16,4	6,2	3,9 3,5 3,6 3,9 14,9	5,6	Gefüge dicht, homogen, krystallinisch in grau-schwarzer Färbung, durchzogen von einzelnen Quarzpartikeln.	1
0,313	2,474	9	0,96	1,24	6,0 5,6 5,8 5,8 22,2	9,0	5,5 5,7 5,5 5,5 22,2	9,0	Gefüge gleichförmig, dicht, grobkörnig, durchzogen von vereinzelt eingesprengten krystallinischen Quarzpartikeln.	1
0,333	2,699	9	0,30	0,54	3,6 3,4 3,8 3,4 14,2	5,3	3,3 3,6 3,8 3,5 13,7	5,1	Gefüge scharf krystallinisch, ziemlich gleichförmig dicht, nahezu feinkörnig in grünlich-grauer Färbung, durchzogen von einzelnen strahligen Nestern.	1

1.	2.	3.	4.	5.	6.	7.	8.
Lfd. Nr.	Name und Ursprung des Steines	Farbe	Seitenlänge des Würfels	Druckfestigkeit			
				lufttrocken	wassersatt	nach der Beanspruchung durch Frost (bei −12° C bis −15° C)	
						an der Luft	unter Wasser
			cm	Kilogramm pro Quadratcentimeter			
80	Porphyr vom Petersberg bei Walwitz. Reg.-Nr. XI. Empf.: 7. Stadt-Bauinspektion des Magistrats in Berlin.	röthlichbraun	5	2364 2219 2052	2408 2170 2007	2280 2150 2029	2208 2182 2029
81	Porphyr. Ursprungsangabe nicht gestattet.	—	5	2408 2297 2208	2241 2115 2007	—	—
82	Desgl.	—	5	2140 1962 1784	1873 1784 1695	—	—
83	Desgl.	—	5	2296 2198 2074	2274 2155 2052	—	—
84	Desgl.	—	5	2052 1922 1784	1918 1866 1784	—	—
85	Desgl.	—	5	2408 2319 2230	2342 2252 2185	—	—
86	Desgl.	—	5	2096 1981 1885	1873 1799 1739	—	—
87	Desgl.	—	5	2699 2583 2509	2520 2446 2364	—	—
88	Desgl.	—	5	1885 1810 1717	1907 1743 1628	—	—
89	Desgl.	—	5	1962 1828 1739	1862 1773 1661	—	—

Untersuchungen von Gesteinen.

9.	10.	11.	12.	13.	14.	15.	16.	17.	18.	19.
eigenes Gewicht	specifisches Gewicht	Härtegrad nach Mohs	Wasseraufnahme in		Abnutzung				Cohäsions-Beschaffenheit	Wetterbeständigkeit
			12 Stunden	125 Stunden (satt)	Versuch I		Versuch II			
			pCt.	pCt.	g	ccm	g	ccm		
0,317	2,559	9	0,31	0,57	3,4 4,0 3,9 3,9 15,2	5,9	4,0 3,5 3,0 3,5 14,0	5,5	Gefüge gleichförmig dicht, grobkörnig mit vielen krystallinischen Einsprenglingen, welche die dichte Grundmasse nur stellenweise klar erkennen ließen.	1
0,294	2,505	8—9	0,68	1,48	3,2 3,7 3,3 3,7 13,9	5,5	—	—	—	1
0,300	2,444	8—9	0,67	1,34	5,7 4,9 4,8 5,0 20,4	8,3	—	—	—	1
0,311	2,524	9	0,43	0,86	4,5 4,2 4,2 3,7 16,6	6,6	—	—	—	1
0,307	2,543	9	0,33	0,54	2,9 2,6 2,6 2,5 10,6	4,2	—	—	—	1
0,303	2,455	8—9	0,66	0,88	4,2 3,9 3,6 3,8 15,5	6,3	—	—	—	1
0,309	2,529	8	0,43	0,76	3,1 3,3 3,0 2,8 12,2	4,8	—	—	—	2
0,312	2,561	9	0,31	0,43	3,8 3,4 3,6 3,5 14,3	5,6	—	—	—	2
0,295	2,599	8	0,23	0,56	5,5 4,9 5,0 5,1 20,5	7,9	—	—	—	1
0,307	2,518	8—9	0,11	0,55	6,3 5,7 6,2 6,0 24,2	9,6	—	—	—	1

Untersuchungen von Gesteinen.

1.	2.	3.	4.	5.	6.	7.	8.
				\multicolumn{4}{c}{Druckfestigkeit}			
Lfd. Nr.	Name und Ursprung des Steines	Farbe	Seitenlänge des Würfels	lufttrocken	wassersatt	nach der Beanspruchung durch Frost (bei −12° C bis −15° C)	
						an der Luft	unter Wasser
			cm	\multicolumn{4}{c}{Kilogramm pro Quadratcentimeter}			
90	Porphyr. Ursprungsangabe nicht gestattet.	—	5	1338 1301 1249	1349 1282 1227	—	—
91	Melaphyr von den Brüchen bei Klein-Steinheim. Reg.-Nr. XIII. Empf.: 7. Stadt-Bauinspektion des Magistrats in Berlin.	schwarzgrau	5	2386 2188 2007	2319 2103 1962	2185 2065 1918	2163 2060 1962
92	Melaphyr. Ursprungsangabe nicht gestattet.	—	5	2587 2490 2408	2676 2557 2475	—	—
93	Desgl.	—	5	1249 1189 1137	1204 1152 1115	—	—
94	Melaphyr aus dem Steinbruche Wildschütz. Kgl. Fortifikation Torgau.	—	5	1962 1746 1650	—	—	—
95	Porphyr aus der Gegend bei Beucha in Sachsen. Reg.-Nr. XXIX. Empf.: 7. Stadt-Bauinspektion des Magistrats in Berlin.	dunkelgrau	5	2163 2008 1806	2141 1942 1829	2074 1927 1806	2052 1878 1762
96	Porphyr von Schönau. Ober-Direktion des Wasser- und Straßenbaues. Karlsruhe.	dunkelgrau	6	2682 2577 2496	2589 2472 2325	—	—
97	Porphyr aus dem auf den Höheleben in der Feldflur Löbejün belegenen Steinbruch des Herrn W. Berger in Löbejün.	röthlichbraun melirt	5	2074 1958 1806	2029 1856 1606	1873 1775 1650	2052 1811 1695
98	Porphyr aus dem Dossenheimer Porphyr-steinbruche der Gebr. Leferenz in Heidelberg (Dossenheimer Porphyrwerk).	röthlich	5	2520 2205 1940	1784 1682 1539 (in der Spalte rechnen) 2520 2069 1851	2408 2284 1896	2074 2016 1940
99	Melaphyr aus dem Bruche Haubenfels bei Kirn an der Nahe, gehörig Herrn Joh. Nep. Holzer in Ehrenbreitstein.	—	5	3011 2788 2498	—	—	—

Unterſuchungen von Geſteinen.

9.	10.	11.	12.	13.	14.	15.	16.	17.	18.	19.
eigenes Gewicht	ſpecifiſches Gewicht	Härtegrab nach Mohs	Wafferaufnahme in		Abnutzung				Cohäſions-Beſchaffenheit	Wetterbeſtändigkeit
			12 Stunden	125 Stunden (ſatt)	Verſuch I		Verſuch II			
			pCt.	pCt.	g	ccm	g	ccm		
0,304	2,519	8—9	0,0	0,33	5,3 4,8 4,7 4,6 19,4	7,7	—	—	—	1
0,341	2,789	7	0,30	0,59	15,4 15,0 15,4 15,3 61,1	21,9	16,2 17,2 16,4 15,0 64,8	23,2	Gefüge gleichförmig, feinkörnig, ſehr dicht mit muſcheligem Bruch in ſchwarz-grauer Farbe.	1
0,335	2,749	9	0,30	0,40	4,8 4,2 4,3 4,2 17,0	6,2	—	—	—	1—2
0,325	2,529	8	0,21	0,42	7,7 7,5 7,1 7,1 29,4	11,6	—	—	—	2
0,327	—	—	—	—	—	—	—	—	—	—
0,332	2,791	9	0,30	0,54	3,9 3,3 4,0 3,9 15,1	5,4	3,8 3,4 3,3 3,7 14,2	5,1	Gefüge ſehr dicht, ziemlich gleichförmig und grobkörnig, kryſtalliniſch in dunkelgrauer Farbe.	1
0,584	2,695	8	0,17	0,26	4,3 4,4 4,4 4,3 17,4	6,5	—	—	Gefüge ſehr gleichförmig und dicht, feinkörnig in dunkelgrauer Farbe.	1
0,310	2,444	9	1,33	1,71	5,8 5,3 5,1 5,0 21,2	8,7	5,0 5,1 5,0 5,1 20,2	8,3	Gefüge gleichförmig dicht, durchzogen von vereinzelt eingeſprengten kryſtalliniſchen Quarzpartikeln.	1
0,309	2,542	9	1,0	1,3	6,2 5,7 5,9 5,7 23,5	9,2	5,2 5,4 5,4 5,3 21,3	8,4	Gefüge ſehr dicht und gleichförmig, feinkörnig in röthlich brauner Farbe.	2
0,325	—	—	—	—	—	—	—	—	—	—

1.	2.	3.	4.	5.	6.	7.	8.
Lfd. Nr.	Name und Ursprung des Steines	Farbe	Seitenlänge des Würfels	Druckfestigkeit			
				lufttrocken	wassersatt	nach der Beanspruchung durch Frost (bei −12° C bis −15° C)	
						an der Luft	unter Wasser
			cm	Kilogramm pro Quadratcentimeter			

5. Trachyt=

100	Phonolit. Journ.-Nr. 4208—4214.	blaugrau	5	2330 2165 2007	2230 2072 1951	2029 1907 1829	2074 1922 1829

6. Augit=

101	Basalt vom Finkenberge bei Limperich, Joh. Pütz in Limperich bei Bonn gehörig.	—	5	3637 3277 2923	3414 3273 3079	3391 3257 3012	3570 3302 2901
102	Basalt aus dem Bruche bei Bodenfelde, Kreis Uslar, den conf. Sollinger Braunkohlenwerken in Uslar gehörig.	—	5	1739 1664 1539	1739 1637 1561	1739 1565 1472	1717 1614 1539
103	Basalt. Ursprungsangabe nicht gestattet.	—	5	3077 3018 2966	3068 2992 2854	—	—
104	Desgl.	—	5	3178 3066 2966	3066 3029 2988	—	—
105	Desgl.	—	5	2230 2085 1907	1962 1925 1896	—	—
106	Desgl.	—	5	3100 2899 2788	3122 2906 2765	—	—
107	Desgl.	—	5	2654 2461 2342	2342 2312 2275	—	—
108	Desgl.	—	5	3167 2981 2877	2899 2825 2765	—	—

9.	10.	11.	12.	13.	14.	15.	16.	17.	18.	19.
eigenes Gewicht	specifisches Gewicht	Härtegrad nach Mohs	Wasseraufnahme in		Abnutzung				Cohäsions-Beschaffenheit	Wetterbeständigkeit
			12 Stunden	125 Stunden (satt)	Versuch I		Versuch II			
			pCt.	pCt.	g	ccm	g	ccm		

gesteine.

0,302	2,470	8	0,49	0,72	5,2 / 5,2 / 5,2 / 5,1 / 20,7	8,4	4,5 / 4,5 / 4,1 / 4,5 / 17,6	7,1	Gefüge sehr gleichförmig und dicht, flachmuschelig mit splittrigem unebenem aber scharfkantigem Bruche in blau-grauer Färbung, schwach fettglänzend bei leichtem Anflug von Durchscheinbarkeit der Kanten.	1

gesteine.

0,372	2,881	9	0,11	0,27	8,3	2,88	8,1	2,81	Gefüge sehr gleichförmig, fein und dicht mit strahligem Anflug in schwarz nüancirter Färbung.	1
0,333	2,670	8	2,2	2,5	23,4 / 22,3 / 19,2 / 20,0 / 84,9	31,8	17,4 / 20,4 / 18,7 / 18,6 / 75,1	28,1	Gefüge feinkörnig, gleichförmig und dicht mit muschelig krystallinischem Anfluge und vielen eingesprengten kleinen Glimmerplättchen.	1
0,357	2,936	9	0,28	0,46	6,5 / 6,9 / 6,1 / 6,9 / 26,4	9,0	—	—	—	1
0,365	2,941	8—9	0,37	0,56	5,1 / 5,4 / 5,1 / 5,0 / 20,6	7,0	—	—	—	1
0,369	2,971	9	0,27	0,36	7,3 / 6,9 / 7,1 / 6,9 / 28,2	9,5	—	—	—	1
0,375	2,920	9	0,0	0,18	5,5 / 5,1 / 5,2 / 5,9 / 21,7	7,4	—	—	—	1
0,328	2,732	9	0,51	0,71	5,3 / 5,0 / 4,9 / 5,1 / 20,8	7,4	—	—	—	1
0,355	2,882	9	0,19	0,38	6,0 / 6,2 / 6,0 / 5,6 / 23,8	8,4	—	—	—	2

26 — Untersuchungen von Gesteinen.

1.	2.	3.	4.	5.	6.	7.	8.
Lfd. Nr.	Name und Ursprung des Steines	Farbe	Seitenlänge des Würfels	Druckfestigkeit			
				lufttrocken	wassersatt	nach der Beanspruchung durch Frost (bei −12° C bis −15° C)	
						an der Luft	unter Wasser
			cm	Kilogramm pro Quadratcentimeter			
109	Basalt. Ursprungsangabe nicht gestattet.	—	5	2988 2884 2810	3122 2988 2854	—	—
110	Säulenbasalt. Ursprungsangabe nicht gestattet.	—	5	3390 3301 3234	3345 3321 3278	—	—
111	Basalt. Ursprungsangabe nicht gestattet.	—	5	3189 3070 2944	3390 3196 3077	—	—
112	Desgl.	—	5	3144 2978 2832	3167 3055 2899	—	—
113	Basalt aus dem Bruche Dornhecke bei Oberkassel von Christ. Uhrmacher zu Oberkassel bei Bonn.	grauschwarz	5	3947 3780 3613	3836 3655 3457	3791 3689 3434	3702 3546 3390
114	Säulenbasalt aus dem Bruche am Oelberge, Gem. Ittenbach desselben Besitzers.	grauschwarz	5	3590 3309 3077	3523 3265 3011	3144 3059 2966	3345 3207 3033
115	Basalt aus dem Bruche Schwarzenberg von D. Zervas Söhne in Cöln.	—	5	3590 3445 3189	3546 3281 3033	3501 3374 3234	3434 3288 3100
116	Basalt aus dem Bruche Dattenberg derselben Besitzer.	—	5	3780 3627 3435	—	—	—
117	Basalt aus dem Bruche Peschberg derselben Besitzer.	—	5	3523 3289 3033	—	—	—
118	Basalt aus dem Bruche Willscheiderberg derselben Besitzer.	—	5	3769 3580 3234	—	—	—
119	Basalt. Ursprungsangabe nicht gestattet.	grauschwarz	5	4638 4442 4259	—	—	—

Unterfuchungen von Gefteinen.

9.	10.	11.	12.	13.	14.	15.	16.	17.	18.	19
eigenes Gewicht	specifisches Gewicht	Härtegrad nach Mohs	Wasseraufnahme in		Abnutzung				Cohäsions-Beschaffenheit	Wetterbeständigkeit
			12 Stunden	125 Stunden (fatt)	Verfuch I		Verfuch II			
			pCt.	pCt.	g	ccm	g	ccm		
0,359	2,836	8—9	0,47	0,47	8,5 8,3 8,1 8,2 33,1	11,7	—	—	—	1—2
0,373	3,003	8	0,18	0,27	4,9 5,0 5,2 4,8 19,9	6,6	—	—	—	1—2
0,361	2,988	8—9	0,28	0,37	7,3 7,1 6,7 7,1 28,2	9,4	—	—	—	1—2
0,354	2,861	9	0,19	0,28	6,7 6,4 6,0 6,3 25,4	8,9	—	—	—	1
0,378	2,965	9	0,26	0,39	4,8 4,8 4,5 4,7 18,8	6,2	4,7 4,9 4,5 4,9 19,0	6,4	Gefüge sehr gleichförmig und dicht, mit theils körnigem, theils strahligem scharfkantigen Bruche von vielen sehr kleinen und einzelnen größeren grünen Olivinkrystallen durchzogen.	1
0,375	2,935	9	0,27	0,43	4,8 4,8 4,8 4,8 17,2	5,9	4,6 4,6 4,2 4,2 17,6	6,0	Gefüge sehr feinkörnig und dicht, gleichförmig, mit scharfkantigem, muscheligem Bruch, durchzogen von kleinen Hohlräumen und zahlreichen Einsprenglingen.	1
0,385	2,962	9	0,52	0,65	5,8 5,9 5,8 5,8 23,3	7,9	5,9 6,7 6,0 6,1 24,7	8,3	Gefüge sehr gleichförmig, dicht und feinkörnig mit zackigem scharfkantigen Bruche; durchzogen von einzelnen grünen und gelben Olivinkrystallen.	1
0,377	—	—	—	—	—	—	—	—	—	—
0,368	—	—	—	—	—	—	—	—	—	—
0,378	—	—	—	—	—	—	—	—	—	—
0,383	2,959	9	0,21	0,39	—	—	—	—	Gefüge sehr dicht und gleichförmig mit scharfkantigem Bruch in grauschwarzer Farbe.	1

28 Untersuchungen von Gesteinen.

1.	2.	3.	4.	5.	6.	7.	8.
Lfd. Nr.	Name und Ursprung des Steines	Farbe	Seitenlänge des Würfels	Druckfestigkeit			
				lufttrocken	wassersatt	nach der Beanspruchung durch Frost (bei —12° C bis —15° C)	
						an der Luft	unter Wasser
			cm	Kilogramm pro Quadratcentimeter			

B. Geschichtete

1. Quar=

| 120 | Quarzfels. Ursprungsangabe nicht gestattet. | — | 5 | 1907 1832 1739 | 2007 1814 1695 | — | — |
| 121 | Kieselschiefer. Ursprungsangabe nicht gestattet. | — | 5 | 2119 2067 2007 | 2052 1992 1940 | — | — |

2. Thon=

| 122 | Schiefer aus dem Ruwerthale. Königliche Eisenbahn-Direktion (linksrheinische) Cöln. | blaugrau | 6 | ‖ 899 758 1651 ⊥ 1271 1152 992 | 1178 1056 946 | 1124 1025 938 | 1124 1015 922 |

II. Versteinerung führende

1. Kalk=

123	Huy-Reinstebter Kalkstein.	—	6	414 405 395	384 377 370	358 350 343	364 360 353
124	Kalkstein aus dem Bruche des Rittergutes Veltheim.	—	6	620 594 575	605 584 558	548 525 512	560 551 543
125	Kalkstein aus dem Bruche Croppenstedt an der Dallborfer Feldmarksgrenze.	—	6	398 385 372	346 336 326	298 287 277	326 313 301
126	Kalkstein aus dem Bruche Robersdorf bei Wegeleben.	—	6	527 512 481	510 496 485	457 450 439	496 475 454
127	Kalkstein aus dem Bruche Benzingerode bei Wernigerode.	—	6	495 480 465	465 450 436	436 427 419	467 456 445
128	Kalkstein aus dem Bruche des Maurermeister Karl Freitag in Königslutter. Stadtbaurath Winter, Braunschweig.	—	6	403 367 349	343 309 279	—	—

(Geprüft auf Antrag der Königlichen Kreis-Bauinspektion zu Halberstadt.)

Unterſuchungen von Geſteinen.

9.	10.	11.	12.	13.	14.	15.	16.	17.	18.	19.
eigenes Gewicht	specifisches Gewicht	Härtegrad nach Mohs	Wasseraufnahme in		Abnutzung				Cohäsions-Beschaffenheit	Wetterbeständigkeit
			12 Stunden	125 Stunden (satt)	Versuch I		Versuch II			
			pCt.	pCt.	g	ccm	g	ccm		

Gesteine.
zite.

0,300	2,486	8	0,22	0,56	6,3 5,1 5,6 4,9 — 21,9	8,8	—	—	—	1—2
0,311	2,461	8—9	0,43	0,97	3,0 3,0 2,8 2,4 — 11,2	4,6	—	—	—	1

ſchiefer.

0,588	2,726	4	0,68	0,82	60,7 72,0 59,7 79,2 — 271,6	99,6	64,8 80,9 67,9 59,4 — 273,0	100,1	Gefüge sehr dicht, leicht spaltbar, matt glänzend mit theilweise muscheligem Bruche in blaugrauer Färbung.	2

ſchichtige Felsarten.
ſteine.

0,438	1,974	3	3,7	4,6	—	—	—	—	Gefüge feinkörnig, sehr gleichförmig und ziemlich dicht.	2
0,457	2,282	3	3,3	3,8	—	—	—	—	Gefüge theils feinkörnig dicht, theils grobkörnig löcherig durchzogen von schuppigen porösen Nestern mit schwammigem Aussehen.	2
0,458	2,324	4	4,6	5,3	—	—	—	—	Gefüge ziemlich gleichförmig, feinkörnig und schuppig, durchzogen von einzelnen kleinen Löchern und Quarzpartikeln.	2
0,515	2,439	5	2,94	3,20	—	—	—	—	Gefüge grobkörnig und schuppig, durchzogen von schwammartig aussehenden Nestern.	2
0,476	2,188	4	3,5	4,2	—	—	—	—	Gefüge sehr gleichförmig, ziemlich feinkörnig und dicht mit vereinzelt eingesprengten Feldspathpünktchen.	2
0,430	—	—	—	—	—	—	—	—	—	

Untersuchungen von Gesteinen.

1.	2.	3.	4.	5.	6.	7.	8.
					Druckfestigkeit		
Lfd. Nr.	Name und Ursprung des Steines	Farbe	Seiten-länge des Würfels	luft-trocken	wasser-satt	nach der Beanspruchung durch Frost (bei —12° C bis —15° C)	
						an der Luft	unter Wasser
			cm	Kilogramm pro Quadratcentimeter			
129	Kalkstein aus dem Steinbruche am Specken-brinke oberhalb Bredenbeck. A. Menge in Barsinghausen gehörig.	—	5	1985 1826 1673	1985 1813 1650	1962 1762 1628	1784 1730 1673
130	Kalkstein aus den Brüchen in und bei Ronnenberg der Linden'er Zündhütchen- und Thonwaaren-Fabrik zu Linden bei Hannover.	grau	5	1628 1494 1360	1539 1414 1316	1450 1392 1298	1363 1296 1227
131	Desgl.	grau	5	1249 1115 1048	1115 1041 970	1070 1008 937	1093 1021 937
132	Feiner Muschelkalk aus altem Material vom Dom zu Halberstadt.	—	6	431 419 406	364 350 335	364 353 343	352 345 339
133	Grober Muschelkalk aus altem Material vom Dom zu Halberstadt.	—	6	322 303 281	310 288 265	253 241 228	301 284 270
134	Muschelkalk. Ursprungsangabe nicht ge-stattet.	—	5	1160 1056 981	1070 1011 959	—	—
135	Desgl.	—	5	1093 1071 1048	1093 1041 959	—	—
136	Desgl.	—	5	1004 981 959	959 848 781	—	—
137	Jurakalk aus den Brüchen zu Hohen-eggelsen von Gerh. Himstedt, Bartels & Rose zu Hoheneggelsen.	grau	5	262 235 201	223 166 123	—	—
138	Desgl.	grau	5	937 862 781	758 706 647	—	—
139	Marmor. Journ.-Nr. 3164—3169.	weiß	6	1953 1773 1643	1860 1752 1628	1860 1798 1674	1814 1751 1705
140	Zechstein. Ursprungsangabe nicht gestattet.	—	5	1695 1528 1360	1606 1465 1383	—	—

Untersuchungen von Gesteinen.

9.	10.	11.	12.	13.	14.	15.	16.	17.	18.	19.
eigenes Gewicht	specifisches Gewicht	Härtegrad nach Mohs	Wasseraufnahme in		Abnutzung				Cohäsions-Beschaffenheit	Wetterbeständigkeit
			12 Stunden	125 Stunden (satt)	Versuch I		Versuch II			
			pCt.	pCt.	g	ccm	g	ccm		
0,323	2,506	6—7	0,62	0,74	—	—	—	—	Gefüge sehr gleichförmig, strahlig, fein und dicht mit scharfem Korn.	1
0,318	2,671	7—8	0,63	0,76	24,2 22,2 20,8 21,3 88,5	33,1	21,6 21,5 19,2 20,0 82,3	30,8	Gefüge gleichförmig, sehr dicht, krystallinisch in grauer Farbe, durchzogen von einzelnen Quarzadern und Krystallen.	1
0,298	2,423	6—7	1,35	1,69	40,4 41,7 42,2 37,4 161,7	66,7	42,8 37,6 38,3 35,6 154,3	63,7	Gefüge ziemlich gleichförmig, sehr feinkörnig und dicht, krystallinisch in grauer Farbe, durchzogen von einzelnen kleinen Höhlungen.	1
0,461	2,010	4	3,6	4,1	—	—	—	—	Gefüge sehr gleichförmig, nahezu feinkörnig mit schuppigem Anfluge, durchzogen von punktartigen, löcherigen Stellen.	2
0,451	2,072	4	4,9	5,6	—	—	—	—	Gefüge grobkörnig, schuppig und porös mit schwammartig aussehenden Feldsteinpartikelchen enthaltenden Nestern.	4
0,319	2,674	7—8	0,21	0,31	18,3 18,2 17,2 16,9 70,6	26,4	—	—		1
0,322	2,593	8	0,21	0,42	17,0 16,2 16,7 14,3 64,2	24,8	—	—		1
0,309	2,643	8	0,33	0,43	19,8 18,4 19,2 18,6 76,0	28,8	—	—		1
0,323	—	—	—	—	—	—	—	—		—
0,349	—	—	—	—	—	—	—	—		—
0,592	2,701	4	0,5	0,5	—	—	—	—	Gefüge sehr homogen, dicht und schuppig krystallinisch.	2
0,306	2,591	6	0,55	0,99	20,4 20,6 17,7 18,0 76,7	29,6	—	—	—	1

1.	2.	3.	4.	5.	6.	7.	8.
				\multicolumn{4}{c}{Druckfestigkeit}			
Lfd. Nr.	Name und Ursprung des Steines	Farbe	Seitenlänge des Würfels	luft-trocken	wasser-satt	\multicolumn{2}{c}{nach der Beanspruchung durch Frost (bei −12° C bis −15° C)}
						an der Luft	unter Wasser
			cm	\multicolumn{4}{c}{Kilogramm pro Quadratcentimeter}			
141	Wolfsstücker dunkelgrauer Marmor von C. Ch. Schneider in Dietz an der Lahn.	dunkel-grau	6	1442 1361 1256	—	—	—
142	Marmor von Welschenberg von C. Ch. Schneider in Dietz an der Lahn.	schwarz	6	1829 1513 1380	—	—	—
143	Marmor von Bangertsbell von C. Ch. Schneider in Dietz an der Lahn.	hellgrau	6	1426 1294 1209	—	—	—
144	Marmor vom Kleinen Brocken von C. Ch. Schneider in Dietz an der Lahn.	roth	6	1473 1395 1256	—	—	—
145	Abneter Marmor.	roth	7,1	1388 1293 1204	—	—	—
146	Untersberger Marmor.	—	7,1	1806 1726 1650	—	—	—
147	Zechstein aus dem am Solhope gelegenen, der Stadt Seesen gehörigen Steinbruche. Herzoglicher Kreisbauinspektor Müller in Seesen.	grau	6	—	1380 1315 1194	—	—

2. Dolo=

| 148 | Dolomit aus dem Watermann'schen Dolomitsteinbruche bei Eschershausen. Stadt-Baurath Winter in Braunschweig. | dunkel mittel hell | 6 6 6 | 883 706 610 | 858 672 589 | — | — |
| 149 | Dolomit. Ursprungsangabe nicht gestattet. | — | 5 | 2230 2141 2052 | 2163 2081 2029 | — | — |

3. Sand=

| 150 | Sandstein aus Kl. Krosse bei Weidenau in Schlesien. Königliche Fortifikation Thorn. | roth-braun | 6 | — | 930 756 620 | 698 660 620 | 779 708 620 |
| 151 | Sandstein aus den Warthauer Brüchen von Zeidler & Wimmel in Bunzlau. Königliche Bauverwaltung für den Neubau des Regierungsgebäudes in Breslau. | weiß | 6 | 388 357 310 | 380 345 310 | 341 316 295 | 372 347 326 |

Unterfuchungen von Gefteinen.

9.	10.	11.	12.	13.	14.	15.	16.	17.	18.	19.
eigenes Gewicht	specifisches Gewicht	Härtegrad nach Mohs	Wasseraufnahme in		Abnutzung				Cohäfions-Beschaffenheit	Wetterbeständigkeit
			12 Stunden	125 Stunden (satt)	Verfuch I		Verfuch II			
			pCt.	pCt.	g	ccm	g	ccm		
0,582	—	—	—	—	—	—	—	—	—	—
0,574	—	—	—	—	—	—	—	—	—	—
0,572	—	—	—	—	—	—	—	—	—	—
0,617	—	—	—	—	—	—	—	—	—	—
0,904	—	—	—	—	—	—	—	—	—	—
0,922	—	—	—	—	—	—	—	—	—	—
0,587	2,508	8—9	0,19	0,29	16,4 17,0 18,0 17,0 68,4	27,8	17,0 17,4 18,8 19,9 72,6	28,9	Gefüge fehr dicht, gleichförmig mit muscheligem, scharfkantigem Bruche in grauer Farbe, durchzogen von einzelnen Quarzadern.	2

mite.

9.	10.	11.	12.	13.	14.	15.	16.	17.	18.	19.
0,500	—	—	—	—	—	—	—	—	—	—
0,824	2,690	8	0,21	0,41	15,4 14,8 18,6 14,8 57,6	21,4	—	—	—	1

steine.

9.	10.	11.	12.	13.	14.	15.	16.	17.	18.	19.
0,521	2,211	6—7	3,12	3,60	—	—	—	—	Gefüge dicht, gleichförmig, ziemlich feinkörnig, rothbraun mit vielen eingesprengten kleinen Quarzpartikelchen.	1
0,480	2,075	5—6	6,96	7,60	—	—	—	—	Gefüge gleichförmig, feinkörnig und ziemlich dicht, mit vielen eingesprengten kleinen Quarzpartikelchen	1

1.	2.	3.	4.	5.	6.	7.	8.
				\multicolumn{4}{c}{Druckfestigkeit}			
Lfd. Nr.	Name und Ursprung des Steines	Farbe	Seitenlänge des Würfels	lufttrocken	wassersatt	nach der Beanspruchung durch Frost (bei −12° C bis −15° C)	
						an der Luft	unter Wasser
			cm	\multicolumn{4}{c}{Kilogramm pro Quadratcentimeter}			
152	Sandstein aus den Warthauer Brüchen von Zeidler & Wimmel in Bunzlau. Königliche Bauverwaltung für den Neubau des Regierungsgebäudes in Breslau.	gelb	6	426 399 372	419 388 357	408 387 357	419 405 388
153	Sandstein aus dem Steinbruche in Ostlutter bei Lutter a. Bbg.	—	6	481 425 372	428 392 357	—	—
154	Sandstein aus dem bei Stadtoldendorf belegenen Sollinger Sandsteinbruche des Maurermeisters Watermann in Stadtoldendorf.	—	6	946 858 822	946 847 729	—	—
155	Sandstein aus dem A. Maschke'schen Steinbruche bei Wefensleben.	—	6	496 474 434	478 447 422	—	—
156	Desgl.	—	6	481 427 388	442 407 380	—	—
157	Sandstein aus dem in Rüthen belegenen Steinbruche von Herlitzius & Torley in Soest.	dunkelgrau	6	651 592 543	589 550 512	557 506 467	558 524 496
158	Sandstein aus dem in der Gemarkung Mühlbach gelegenen Steinbruche.	weißgrau	6	718 659 620	605 550 496	—	—
159	Sandstein aus dem Steinbruche der Stadt Heilbronn.	bräunlichgelb	6	667 633 574	560 523 496	—	—
160	Sandstein aus dem Bruche Bayerfeld in der Rheinpfalz.	gelblichgrau	6	744 679 636	651 603 543	—	—
161	Sandstein aus dem in der Gemarkung Eichenbühl gelegenen Bruche.	röthlichbraun	6	1008 947 884	980 866 806	—	—
162 *)	Sandstein aus dem in der Gemarkung Lauterecken in der Rheinpfalz gelegenen Steinbruch.	grau	6	775 715 651	698 663 620	—	—
163	Sandstein Journ.-Nr. 3046—3047.	—	6	2106 1878 1788	1990 1844 1756	—	—
164	Sandstein. Ursprungsangabe nicht gestattet.	—	6	—	279 252 234	—	—
165	Sandstein aus den vor Langelsheim belegenen Brüchen der Hannoverschen Baugesellschaft.	gelblichbraun	6	543 485 489	558 490 484	—	—

(Spalte 2, Klammer für Nr. 153–156: Stadt-Baurath Winter in Braunschweig. Klammer für Nr. 158–162: Philipp Holzmann & Co. in Frankfurt a. M.)

*) Zugfestigkeit (wassersatt) 14 kg pro qcm.

9.	10.	11.	12.	13.	14.	15.	16.	17.	18.	19.
		Härte-	Wasseraufnahme in		Abnutzung					
eigenes Gewicht	speci- fisches Gewicht	grad nach Mohs	12 Stunden	125 Stunden (satt)	Versuch I		Versuch II		Cohäsions-Beschaffenheit	Wetterbeständigkeit
			pCt.	pCt.	g	ccm	g	ccm		
0,481	2,081	5—6	7,35	7,9	—	—	—	—	Gefüge gleichförmig, feinkörnig und ziemlich dicht, mit vielen eingesprengten kleinen Quarzpartikelchen.	1
0,479	—	—	—	—	—	—	—	—		—
0,519	—	—	—	—	—	—	—	—		—
0,458	—	—	—	—	—	—	—	—		—
0,437	—	—	—	—	—	—	—	—		—
0,462	1,900	7—8	7,3	8,1	—	—	—	—	Gefüge sehr gleichförmig, feinkörnig und dicht in gleichmäßig dunkelgrauer Färbung.	1
0,481	1,965	5—6	6,3	6,7	—	—	—	—	Gefüge gleichförmig, feinkörnig und dicht in sehr gleichmäßiger Färbung.	1
0,521	1,967	5	6,8	7,5	—	—	—	—	Gefüge gleichförmig, feinkörnig und dicht mit vereinzelt eingesprengten Quarzpünktchen.	1
0,488	1,977	6	5,6	5,9	—	—	—	—	Gefüge gleichförmig, nahezu feinkörnig und sehr dicht in gleichmäßig gelblich grauer Farbe.	1
0,490	2,071	6—7	4,4	4,8	—	—	—	—	Gefüge sehr feinkörnig und dicht mit leichten schuppigen Gruppen und vereinzelt eingesprengten Quarzpünktchen versehen.	1
0,519	2,117	6	4,8	5,1	—	—	—	—	Gefüge nahezu feinkörnig, sehr gleichförmig und leicht schuppig, viele Quarzpünktchen enthaltend.	1
0,541	—	—	—	—	—	—	—	—		—
0,468	1,904	5	8,9	9,9	—	—	—	—	Gefüge gleichförmig - krystallinisch, ziemlich feinkörnig.	2
0,446	—	5—6	—	—	—	—	—	—		—

1.	2.	3.	4.	5.	6.	7.	8.
				\multicolumn{4}{c}{Druckfestigkeit}			
Lfd. Nr.	Name und Ursprung des Steines	Farbe	Seitenlänge des Würfels	lufttrocken	wassersatt	nach der Beanspruchung durch Frost (bei −12° C bis −15° C)	
						an der Luft	unter Wasser
			cm	\multicolumn{4}{c}{Kilogramm pro Quadratcentimeter}			
166	Sandstein aus den bei Sand im Remmenhäuser Walde gelegenen Steinbrüchen.	weiß	6	405 376 350	395 370 346	403 390 378	374 361 352
167	Kohlensandstein. Journ.-Nr. 3854—3860.	—	5	1717 1485 1316	1717 1389 1271	1628 1472 1316	1539 1387 1293
168	Sandstein aus dem fiskalischen Steinbruche Wohldenberg, Gemeinde Sillium. A. Buchholz in Badbeckenstedt.	gelb	6	395 377 364	411 359 330	372 355 341	411 367 340
169	Sollinger Quarz-Sandstein aus dem bei Stadtolbendorf auf der Sommerseite gelegenen Steinbruche von E. Rothschild in Stadtolbendorf.*)	roth	6	868 837 791	899 818 775	822 794 760	887 817 791
170	Sandstein aus dem Steinbruche bei Burgpreppach von Ph. Holzmann & Co. in Frankfurt a. M.	weiß	6	496 457 419	453 413 364	—	—
171	Sandstein ohne Ursprungsangabe. Architekt und Bauunternehmer Aug. Benkelberg in Kirn an der Nahe.	gräulichgelb	6	—	450 391 357	—	—
172	Sandstein aus dem Bruche des Klosters Loccum zwischen Münchehagen und Berghol. in Schaumburg-Lippe. Ministerial-Direktor Dr. Barkhausen in Berlin, Kurator des Klosters Loccum.	gelb-grau	6	1054 1018 977	1023 946 899	961 905 853	977 921 868
173	Kohlensandstein. Ursprungsangabe nicht gestattet.	—	5	2208 2074 1896	2074 1940 1829	—	—
174	Desgl.	—	5	2119 1966 1873	1951 1873 1762	—	—
175	Desgl.	—	5	2074 2063 2052	2185 2152 2119	—	—

*) Zugfestigkeit: lufttrocken 86,68 kg pro qcm. Bruchfestigkeit lufttrocken. Platten von 25·12·8 cm.
 wassersatt 86,10 " " " $l = 20$ cm, $W = \frac{12 \cdot 3^2}{6} = 18$. $k = 189{,}5$ kg pro qcm.
 ausgefroren: an der Luft 84,55 " " "
 unter Wasser 86,00 " " "

9.	10.	11.	12.	13.	14.	15.	16.	17.	18.	19.
eigenes Gewicht	specifisches Gewicht	Härtegrad nach Mohs	Wasseraufnahme in		Abnutzung				Cohäsions-Beschaffenheit	Wetterbeständigkeit
			12 Stunden	125 Stunden (satt)	Versuch I		Versuch II			
			pCt.	pCt.	g	ccm	g	ccm		
0,436	2,049	6	5,7	6,8	—	—	—	—	Gefüge feinkörnig, sehr gleichförmig und ziemlich dicht, durchzogen von einzelnen kleinen Nestern und vielen Quarzpünktchen.	1
0,298	2,336	7	2,0	2,8	15,7 14,8 15,0 14,3 59,8	25,6	17,6 18,9 14,2 13,5 64,2	27,5	Gefüge sehr gleichförmig von feinstem Korn und theils muscheligem, theils strahligem Bruche.	1
0,443	2,071	5	8,6	9,8	—	—	—	—	Gefüge sehr gleichförmig, feinkörnig, und ziemlich dicht, durchzogen von einzelnen eisenhaltigen Adern und Flecken.	1
0,510	2,831	6	3,95	4,2	47,0	16,6	44,6	15,8	Gefüge sehr gleichförmig, feinkörnig, geschichtet und dicht in gleichmäßig stumpf braunrother Färbung mit vielen eingesprengten Quarzpartikelchen.	1
0,429	2,061	6	5,8	7,1	—	—	—	—	Gefüge sehr gleichförmig, feinkörnig und dicht durchzogen von sehr vielen kleinen Quarzpartikelchen.	1
—	—	—	5,9	6,3	—	—	—	—	Gefüge gleichförmig, wenig dicht, ziemlich grobkörnig, durchsetzt von vielen kleinen braunen Nestern, welche die gräulich gelbe Farbe der Bruchfläche punktirt erscheinen lassen.	1
0,471	2,163	6	4,5	5,2	48,5 47,3 39,8 36,5 172,1	79,6	46,5 41,5 42,1 42,1 172,2	79,6	Gefüge sehr feinkörnig, dicht, durchaus homogen, in gelbgrauer Farbe.	2
0,320	2,529	7	0,63	1,38	8,9 8,9 8,5 8,8 15,1	6,0	—	—	—	1
0,290	2,268	7—8	0,92	1,93	5,0 5,0 5,0 4,6 19,6	8,6	—	—	—	1
0,335	2,740	7—8	0,40	0,60	20,5 19,8 19,1 19,2 78,6	28,7	—	—	—	2

1.	2.	3.	4.	5.	6.	7.	8.
				\multicolumn{4}{c}{Druckfestigkeit}			
Lfd. Nr.	Name und Ursprung des Steines	Farbe	Seitenlänge des Würfels	lufttrocken	wassersatt	\multicolumn{2}{c}{nach der Beanspruchung durch Frost (bei −12° C bis −15° C)}
						an der Luft	unter Wasser
			cm	\multicolumn{4}{c}{Kilogramm pro Quadratcentimeter}			
176	Kohlensandstein. Ursprungsangabe nicht gestattet. Journ.-Nr. 4444—4447.	hellgrau	6	—	1287 1169 1054	—	—
177	Desgl. Journ.-Nr. 4448—4451.	dunkelgrau	6	—	1240 1197 1163	—	—
178	Buntsandstein. Ursprungsangabe nicht gestattet.	—	5	1650 1498 1388	1695 1565 1483	—	—
179	Sandstein aus dem Thiesberg-Bruche bei Grasleben von Döring & Lehrmann in Helmstedt.	weißgrau	6	—	682 570 496	—	—
180	Sandstein aus dem bei Bab-Helmstedt gelegenen Bruche derselben Besitzer.	gelblichweiß	6	—	558 442 372	—	—
181	Sandstein aus einem Brückenbauwerke der Königlichen Eisenbahn-Bauinspektion Glatz.	gelblichgrau	6	791 724 651	744 677 620	—	—
182	Sandstein aus einem für den Bau in der Kaiserstraße 41 verwandten Material. Königlicher Hof-Steinmetzmeister Otto Metzing in Berlin.	grau	6	488 438 411	426 376 341	—	—
183	Sandstein aus dem in der Gemarkung Bruchmühlbach belegenen Steinbruche der Firma Philipp Holzmann & Co. in Frankfurt a. M.	röthlichgelb	6	686 541 465	605 493 419	—	—
184	Sandstein aus den Oberkirchleithener Brüchen Nr. 86—101 bei Königstein an der Elbe. Besitzer Fabrikant A. O. Richter in Dresden.	gräulichgelb	6	977 897 887	930 889 744	884 825 744	899 831 744
185	Sandstein aus dem in der Gemeinde Fließen, Kreis Bitburg gelegenen Steinbruche von Wilh. Schulte zu Kyllburg.	weißgrau	6	713 684 651	686 594 543	581 563 543	574 551 527
186	Übelfanger Sandstein. Königliche Eisenbahn-Direktion (linksrheinische) Cöln.	gelbgrau	6	527 496 465	543 463 392	496 438 408	482 452 419

Untersuchungen von Gesteinen. 39

9.	10.	11.	12.	13.	14.	15.	16.	17.	18.	19.
eigenes Gewicht	specifisches Gewicht	Härtegrad nach Mohs	Wasseraufnahme in		Abnutzung				Cohäsions-Beschaffenheit	Wetterbeständigkeit
			12 Stunden	125 Stunden (satt)	Versuch I		Versuch II			
			pCt.	pCt.	g	ccm	g	ccm		
0,541	2,477	8	1,5	1,6	7,1 5,8 5,8 5,5 23,7	9,6	—	—	Gefüge ziemlich gleichförmig dicht, feinkörnig, sehr quarzreich mit krystallinischem Bruche in hellgrauer Färbung.	1
0,538	2,478	8	1,1	1,4	10,2 8,7 8,3 8,5 35,7	14,4	—	—	Gefüge feinkörnig, gleichförmig dicht, von einzelnen Glimmerpünktchen durchzogen mit krystallinischem Bruch in dunkelgrauer Färbung.	1
0,330	2,644	8	0,51	0,51	7,5 8,3 7,9 7,5 31,2	11,8	—	—	—	1
0,504	2,047	4	6,8	9,7	—	—	—	—	Gefüge sehr feinkörnig und dicht, durchaus homogen in weißgrauer Farbe.	1
0,457	1,904	4	7,58	8,2	—	—	—	—	Gefüge sehr feinkörnig und dicht, durchaus homogen in gelblich weißer Farbe.	1
0,493	2,226	7	4,7	5,3	16,9 17,3 14,4 20,9 69,5	31,2	18,2 17,4 18,8 20,0 78,9	33,2	Gefüge sehr gleichförmig und feinkörnig, dicht, krystallinisch in gelblich-grauer Färbung.	1
0,395	—	—	7,5	8,8	—	—	—	—	—	—
0,513	2,011	6	7,8	8,6	—	—	—	—	Gefüge sehr gleichförmig und feinkörnig, dicht, in röthlich-gelber Farbe mit ausgesprochenem Lager.	1
0,495	2,036	6—7	4,2	5,2	20,2 20,3 20,0 19,9 80,4	39,5	20,5 18,8 15,2 18,9 73,4	36,1	Gefüge ziemlich feinkörnig, schwach krystallinisch mit ausgesprochenem Lager und in grau-gelber Färbung.	2
0,481	2,186	6	4,4	4,8	21,0 16,7 16,8 13,2 67,7	31,0	22,8 16,0 20,7 18,1 77,6	35,5	Gefüge ziemlich feinkörnig und dicht, sehr gleichförmig, schwach krystallinisch in weißlich-grauer Farbe.	1
0,427	1,883	6	8,0	8,9	44,1 32,2 36,1 44,3 156,7	83,2	68,5 41,5 61,2 45,7 216,9	115,2	Gefüge sehr feinkörnig und dicht, durchaus gleichförmig in gelbgrauer Farbe.	2

1.	2.	3.	4.	5.	6.	7.	8.
				\multicolumn{4}{c}{Druckfestigkeit}			
Lfb. Nr.	Name und Ursprung des Steines	Farbe	Seitenlänge des Würfels	luft- trocken	wasser- satt	\multicolumn{2}{c}{nach der Beanspruchung durch Frost (bei −12° C bis −15° C)}
						an der Luft	unter Wasser
			cm	\multicolumn{4}{c}{Kilogramm pro Quadratcentimeter}			
187	Befferlicher Sandstein.	röthlich- hellbraun	6	581 560 542	589 498 442	543 484 419	543 490 434
188	Biewerer Sandstein.	roth- braun	6	496 414 364	434 364 310	326 277 240	403 333 248
189	Grauwackenfandftein. Ursprungsangabe nicht gestattet.	—	5	1907 1788 1717	1929 1762 1650	—	—
190	Grauwacke. Journ.-Nr. 3081—3086.	hell- gelblich	6	2310 2113 1938	2170 1990 1829	2170 2061 1860	2186 1922 1786
191	Grauwacke. Journ.-Nr. 3087—3092.	dunkel- blaugrau	6	2480 2252 2077	2480 2282 1891	2170 2074 1938	2077 1978 1891
192	Grauwacke. Ursprungsangabe nicht gestattet.	—	5	1026 1015 1004	1093 989 892	—	—
193	Desgl.	—	5	847 806 758	803 772 754	—	—
194	Desgl.	—	5	2297 2171 2052	2364 2186 2074	—	—
195	Desgl.	—	5	1918 1896 1878	2052 1978 1896	—	—
196	Desgl.	—	5	1940 1918 1884	2074 1929 1806	—	—
197	Desgl.	—	5	1762 1688 1606	1739 1657 1588	—	—

(Königliche Eisenbahn-Direktion (links-rheinische) Cöln.) — zu 187, 188

Untersuchungen von Gesteinen. 41

9.	10.	11.	12.	13.	14.	15.	16.	17.	18.	19.
			Wasseraufnahme in		Abnutzung					
eigenes Gewicht	specifisches Gewicht	Härtegrad nach Mohs	12 Stunden	125 Stunden (satt)	Versuch I		Versuch II		Cohäsions-Beschaffenheit	Wetterbeständigkeit
			pCt.	pCt.	g	ccm	g	ccm		
0,453	2,032	5—6	6,6	7,4	50,7 57,2 46,5 49,6 204,0	100,4	61,8 69,3 78,5 68,9 278,0	134,4	Gefüge ziemlich feinkörnig und dicht, durchaus gleichförmig in röthlich-hellbrauner Farbe.	2
0,442	1,952	6	6,8	7,7	118,3 206,0 324,3	166,1	145,8 176,1 321,9	164,9	Gefüge feinkörnig, durchaus gleichförmig, ziemlich locker in rothbrauner Färbung.	2
0,302	2,461	8	0,22	0,66	4,6 4,4 4,3 4,2 17,5	7,1	—	—	—	1—2
0,548	2,298	8—9	1,08	1,30	—	—	—	—	Gefüge sehr gleichförmig, feinkörnig und krystallinisch dicht durchzogen von einzelnen Quarzpünktchen.	1
0,558	2,432	8—9	0,90	1,10	—	—	—	—	Gefüge sehr gleichförmig, fein krystallinisch und dicht, durchzogen von einzelnen Quarzpünktchen.	1
0,812	2,561	6—7	0,54	0,97	14,4 12,8 12,8 12,3 52,3	20,4	—	—	—	1
0,807	2,681	6—7	0,43	1,08	13,6 12,0 12,7 13,5 51,8	19,7	—	—	—	1
0,829	2,630	8—9	0,10	0,31	5,2 5,3 5,2 4,9 20,6	7,8	—	—	—	1—2
0,824	2,596	8	0,10	0,41	6,3 5,8 5,5 6,0 23,6	9,1	—	—	—	1
0,820	2,612	8	0,21	0,32	5,2 4,7 4,5 4,8 19,2	7,3	—	—	—	1
0,817	2,578	8—9	0,21	0,32	6,2 5,9 5,5 5,6 23,2	9,0	—	—	—	2—3

*) Für die Hälfte der Umdrehungen (225 Umgänge).

Untersuchungen von Gesteinen.

1.	2.	3.	4.	5.	6.	7.	8.
Lfd. Nr.	Name und Ursprung des Steines	Farbe	Seitenlänge des Würfels	Druckfestigkeit			
				lufttrocken	wassersatt	nach der Beanspruchung durch Frost (bei —12° C bis —15° C)	
						an der Luft	unter Wasser
			cm	Kilogramm pro Quadratcentimeter			
198	Grauwacke aus den I. von Nathusius'schen Grauwacke-Brüchen in Hundisburg bei Magdeburg.	dunkelgrau	5	1862 1782 1628	1695 1510 1360	1561 1434 1305	1583 1423 1271
199	Grauwacke. Journ.-Nr. 4844—4851.	dunkelgrau	5	2052 1842 1717	1873 1706 1583	1706 1585 1416	1784 1632 1539
200	Grauwacke aus dem Steinbruche Neue Land bei Pretzien von Christ. Hohenstein in Pretzien bei Gommern.	grau	5	⊥ 3033 2881 2676 ∥ 2119 1974 1762	2899 2705 2587	2899 2721 2565	2498 2284 2029
201	Sandstein aus den Brüchen bei Alt-Warthau. Meyer & Kopp zu Berlin.	weiß	6	558 499 450	—	—	—
202	Sandstein. Journ.-Nr. 5200—5203.	bräunlichgelb	6	442 342 248	440 293 202	—	—
203	Sandstein, frisch gebrochen in dem Festungssteinbruche der Königlichen Fortifikation in Rastatt.	röthlichbraun	6	1240 1157 1023	—	—	—
204	Sandstein ebendaher, aber 1846—1850 verbaut.	röthlichbraun	6	1147 1024 980	—	—	—
205	Sandstein aus dem Steinbruche Olsbrücken (Pfalz) von Phil. Holzmann & Co. in Frankfurt a. M.	braunroth	6	605 562 512	558 521 470	—	—
206	Sandstein I aus dem bei Plagwitz bei Löwenberg in Schlesien belegenen Bruche.	grauweiß	6	698 620 558	620 575 527	535 507 478	589 543 496
207	Sandstein II aus demselben Bruche.	grauweiß	6	450 359 310	—	—	—
208	Sandstein aus dem bei Rackwitz in Schlesien belegenen Bruche.	weißlichgelb	6	696 648 589	682 606 512	597 541 465	651 574 527

Von F. Wimmel & Co. in Berlin. (bracket spanning 206–208)

Untersuchungen von Gesteinen. 43

9.	10.	11.	12.	13.	14.	15.	16.	17.	18.	19.
eigenes Gewicht	specifisches Gewicht	Härtegrad nach Mohs	Wasseraufnahme in		Abnutzung				Cohäsions-Beschaffenheit	Wetterbeständigkeit
			12 Stunden	125 Stunden (satt)	Versuch I		Versuch II			
			pCt.	pCt.	g	ccm	g	ccm		
0,847	2,659	8	0,57	0,88	7,1 6,4 6,1 6,0 25,6	9,6	7,9 8,3 7,6 8,1 31,9	12,0	Gefüge durchaus gleichförmig, sehr dicht und ziemlich feinkörnig, schwach krystallinisch in dunkelgrauer Farbe.	1
0,822	2,714	7—8	0,31	0,85	12,1 11,2 11,5 10,9 45,7	16,8	13,2 13,0 12,9 13,4 52,5	19,3	Gefüge sehr dicht und feinkörnig in dunkelgrauer Farbe mit splittrigem Bruche, durchzogen von feinen Quarzadern.	1
0,827	2,671	8—9	0,62	1,02	5,6 5,1 5,0 5,2 20,9	7,8	5,0 5,6 5,0 5,4 21,0	7,9	Gefüge feinkörnig und dicht, durchaus gleichförmig, schwach krystallinisch mit muscheligem Bruch und grauer Farbe.	1
0,424	1,968	—	—	—	—	—	—	—	—	—
0,489	2,262	6	6,54	7,80	—	—	—	—	Gefüge ziemlich dicht und feinkörnig, etwas ungleichförmig mit starkem Gehalt an Eisenoxyd und daherrührender rothbrauner Färbung.	2
0,546	—	—	—	—	—	—	—	—	—	—
0,585	—	—	—	—	—	—	—	—	—	—
0,527	2,221	7	4,9	5,1	—	—	—	—	Gefüge sehr gleichförmig, feinkörnig und dicht in bräunlich-rother Farbe.	1
0,583	1,916	5—6	4,99	6,00	57,8 74,2 44,2 65,8 241,5	126,0	62,8 54,8 35,8 51,6 204,0	106,5	Gefüge sehr dicht, gleichförmig feinkörnig, schwach krystallinisch in weißlicher Farbe.	1
0,554	—	—	—	—	—	—	—	—	—	—
0,539	1,966	6	8,2	8,5	29,6 40,2 35,4 16,2 121,4	61,7	33,5 39,2 40,9 35,4 149,0	75,8	Gefüge sehr dicht, gleichförmig feinkörnig, schwach krystallinisch in gelblicher Farbe.	1

Untersuchungen von Gesteinen.

1.	2.	3.	4.	5.	6.	7.	8.
Lfd. Nr.	Name und Ursprung des Steines	Farbe	Seitenlänge des Würfels	\multicolumn{4}{c}{Druckfestigkeit}
				lufttrocken	wassersatt	nach der Beanspruchung durch Frost (bei −12° C bis −15° C) an der Luft	nach der Beanspruchung durch Frost (bei −12° C bis −15° C) unter Wasser
			cm	\multicolumn{4}{c}{Kilogramm pro Quadratcentimeter}
209	Sandstein aus dem zu Alt-Warthau, Kreis Bunzlau, belegenen Bruche von Zeidler & Wimmel in Bunzlau.	weiß	6	736 660 628	674 620 581	682 580 543	643 600 558
210	Rother Oberbank-Sandstein von gröberem Korn aus dem in der Feldmark Alvensleben, Kreis Neuhaldensleben belegenen Bruche von Joh. Fr. Meyer in Magdeburg.	dunkelroth	6	853 787 651 744 653 574) in der Spaltrichtung	752 680 628	729 648 605	713 663 620
211	Rother Unterbank-Sandstein von feinerem Korn aus demselben Bruche.	hellroth	6	868 826 744 775 721 651) in der Spaltrichtung	775 721 667	789 682 636	744 710 682
212	Sandstein. Ursprungsangabe nicht gestattet.	gelblich	6	419 368 318	372 290 248	326 257 217	341 270 202
213	Sandstein aus dem auf dem Gemeinde-Banne Udelfangen, Landkreis Trier in Flur 8, Distrikt beim Kreuzchen belegenen Bruche von Franz Ritterath in Trier.	gelblich	6	736 653 597	—	—	—
214	Sandstein aus dem auf dem Banne von Udelfangen in Flur Nr 8, Distrikt beim Kreuzchen belegenen Bruche von Math. Harens in Udelfangen.	gelblich	6	636 574 527	—	—	—
215	Sandstein aus dem auf dem Gemeinde-Banne Cordel, Landkreis Trier, im Distrikt Römerberg auf der linken Kyllseite belegenen Bruche von Franz Ritterath in Trier.	—	6	590 506 419	—	—	—
216	Sandstein aus dem auf dem Gemeinde-Banne Cordel, Landkreis Trier, im Distrikt Gottgraben auf der rechten Kyllseite belegenen Steinbruche von Franz Ritterath in Trier.	—	6	575 506 434	—	—	—
217	Grös. Ursprungsangabe nicht gestattet.	grünlichgrau	5	3256 2901 2676	2966 2796 2665	2765 2680 2587	2821 2736 2620
218	Grauwacke aus dem Steinbruche in Ebendorf bei Magdeburg von Reindorff & Blumberg in Ebendorf.	dunkelgrau	5	2040 1944 1817	2007 1858 1789	1896 1815 1717	2007 1824 1678

Untersuchungen von Gesteinen. 45

9.	10.	11.	12.	13.	14.	15.	16.	17.	18.	19.
eigenes Gewicht	specifisches Gewicht	Härtegrad nach Mohs	Wasseraufnahme in		Abnutzung				Cohäsions-Beschaffenheit	Wetterbeständigkeit
			12 Stunden	125 Stunden (satt)	Versuch I		Versuch II			
			pCt.	pCt.	g	ccm	g	ccm		
0,578	2,058	6	7,3	7,8	42,4 44,4 42,8 38,4 168,0	81,6	41,9 39,3 35,7 29,5 146,4	71,1	Gefüge feinkörnig, sehr gleichförmig dicht in weißlicher Farbe.	1
0,528	2,423	6	3,1	3,6	37,5 33,7 26,9 18,5 116,6	48,1	34,0 30,9 29,6 31,7 126,2	52,1	Gefüge sehr gleichförmig und dicht, feinkörnig in dunkelrother Sandstein-Färbung.	2
0,525	2,406	6—7	2,9	3,0	13,9 13,1 13,0 13,7 53,7	22,3	13,0 12,9 12,6 12,0 50,5	21,0	Gefüge sehr gleichförmig und dicht, sehr feinkörnig in hellrother Sandstein-Färbung.	2
0,892	1,924	6—7	9,4	10,2	75,5 69,2 72,9 76,3 293,9	152,8	85,7 82,4 103,3 128,6 400,0	207,9	Gefüge sehr feinkörnig, ziemlich dicht, gleichförmig in gelber Farbe, durchzogen von dunkleren und helleren Adern.	1
0,489	—	—	—	—	—		—		—	—
0,488	—	—	—	—	—		—		—	—
0,481	—	—	—	—	—		—		—	—
0,467	—	—	—	—	—		—		—	—
0,350	2,585	9	0,20	0,32	5,8 5,4 5,1 5,8 22,1	8,5	5,9 5,7 5,6 5,6 22,8	8,8	Gefüge sehr dicht, gleichförmig mit scharfkantigem muscheligem Bruch in grünlich-grauer Farbe.	1
0,322	2,590	8	0,31	0,74	6,1 5,9 5,9 5,7 23,6	9,1	6,8 5,7 5,9 5,6 23,5	9,1	Gefüge ziemlich feinkörnig, sehr dicht und gleichförmig in scharfkantigem Bruch.	1

1.	2.	3.	4.	5.	6.	7.	8.
				\multicolumn{4}{c}{Druckfestigkeit}
Lfd. Nr.	Name und Ursprung des Steines	Farbe	Seiten- länge des Würfels	luft- trocken	wasser- satt	\multicolumn{2}{c}{nach der Beanspruchung durch Frost (bei −12° C bis −15° C)}
						an der Luft	unter Wasser
			cm	\multicolumn{4}{c}{Kilogramm pro Quadratcentimeter}
219	Grauwacke aus dem Bruche des Guts- besitzers Soag in Niederbergheim bei Allagen i. W.	schiefer- grau	5	2286 1960 1762	2275 1859 1617	—	—

III. Konglomerate,

220	Tuffstein aus den Brüchen bei Weibern, Steinmetzmeister C. Grob in Brohl a. Rh. gehörig.	—	6	164 151 140	171 151 133	147 141 132	168 150 141

9.	10.	11.	12.	13.	14.	15.	16.	17.	18.	19.
eigenes Gewicht	specifisches Gewicht	Härtegrad nach Mohs	Wasseraufnahme in		Abnutzung				Cohäsions-Beschaffenheit	Wetterbeständigkeit
			12 Stunden	125 Stunden (satt)	Versuch I		Versuch II			
			pCt.	pCt.	g	ccm	g	ccm		
0,357	2,588	8	0,37	0,71	4,2 4,0 3,5 3,5 15,2	5,9	6,5 5,8 6,0 5,5 23,8	9,2	Gefüge sehr dicht, ziemlich gleichförmig mit muscheligem scharfkantigem Bruche in dunkelgrauer Farbe.	—

Breccien und Tuffe.

0,331	1,479	3	23,72	24,8	—	—	—	—	Gefüge gleichförmig grobkörnig und porös.	1

Für die Redaktion verantwortlich: A. **Martens**. — Verlag von **Julius Springer** in Berlin.

Druck von H. S. Hermann in Berlin.

Untersuchungen von natürlichen Gesteinen.

(Die Photographien sind nach Original-Aufnahmen des Assistenten M. Gary hergestellt.)

TAFEL I.

Verlag von Julius Springer in Berlin N.   Lichtdruck von A. Frisch in Berlin.

If you have any concerns about our products,
you can contact us on
ProductSafety@springernature.com

In case Publisher is established outside the EU,
the EU authorized representative is:
Springer Nature Customer Service Center GmbH
Europaplatz 3, 69115 Heidelberg, Germany

Printed by Libri Plureos GmbH
in Hamburg, Germany